U0240008

精雕细刻

制作个性化的挂件和摆件

〔英〕罗伯特·朱布◎著

李　月◎译

北京科学技术出版社

免责声明：

　　由于雕刻过程本身存在受伤的风险，因此本书无法保证书中的技术对每个人来说都是安全的。如果你对任何操作心存疑虑，请不要尝试。出版商和作者不对本书内容或读者为了使用书中的技术使用相应工具造成的任何伤害或损失承担任何责任。出版商和作者敦促所有操作者遵守雕刻的安全指南。

Text, photographs and illustrations © Anthony Bailey, 2012 Copyright in the Work © GMC Publications, 2012' together with the following acknowledgement: This translation of Routing For Beginners 9781861088390 is published by arrangement with GMC Publications Ltd. Simplified Chinese Copyright © 2022 Beijing Science and Technology Publishing Co., Ltd.

著作权合同登记号　图字 01-2020-2649 号

图书在版编目（CIP）数据

　　精雕细刻 / （英）罗伯特·朱布著；李月译. —北京：北京科学技术出版社，2022.3
　　书名原文：Carving Japanese Netsuke For Beginners
　　ISBN 978-7-5714-1893-9

　　Ⅰ. ①精… 　Ⅱ. ①罗… ②李… 　Ⅲ. ①缩小雕刻—雕塑技法
Ⅳ. ① TS194.37

　　中国版本图书馆 CIP 数据核字（2021）第 203110 号

策划编辑：刘　超　张心如	邮政编码：100035
责任编辑：刘　超	电话传真：0086-10-66135495（总编室）
责任校对：贾　荣	0086-10-66113227（发行部）
营销编辑：葛冬燕	网　　址：www.bkydw.cn
图文制作：天露霖文化	印　　刷：北京盛通印刷股份有限公司
封面设计：异一设计	开　　本：880 mm×1230 mm　1/32
责任印制：李　茗	字　　数：260 千字
出 版 人：曾庆宇	印　　张：7.625
出版发行：北京科学技术出版社	版　　次：2022 年 3 月第 1 版
社　　址：北京西直门南大街 16 号	印　　次：2022 年 3 月第 1 次印刷
ISBN 978-7-5714-1893-9	

定价：98.00 元

作者简介

罗伯特·朱布（Robert Jubb）早在20世纪60年代后期就开始从事木雕创作，但直到遇见专业雕刻师休·赖特（Sue Wraight）的精美根付作品之后，他才开始雕刻根付。当罗伯特完成了他的第一件根付作品——一只小老鼠之后，他的根付创作欲变得一发不可收拾。

从那以后，他的收藏规模稳步扩大，他自己创作的作品也有很大的市场需求，来自澳大利亚、新西兰、南非以及英国的顾客都很乐意支付不菲的佣金，但他一直坚持将新创作的第一件作品留作私人收藏。

他在伦敦木工展和苏塞克斯木雕协会年度展会上斩获多个奖项，包括最佳展览奖（4次）、微型雕刻作品第一名（10次），以及一系列的金银铜奖牌。另外，他还是苏塞克斯木雕协会的创始人之一。

致谢

首先，非常感谢休·赖特，因为正是她非凡的作品震撼了我，开启了我的根付雕刻之路，并且她一直为我提供灵感和支持。同时，她还无偿授权我将其精美作品收入本书中。

还要感谢多萝西·威尔逊（Dorothy Wilson）和保罗·里德（Paul Reader），感谢他们允许我拍摄他们的根付藏品用于本书，这极大地激励了我。感谢海伦（Helen）、鲍勃（Bob）和保利娜（Pauline）：谢谢你们将我赠予你们的根付作品提供给我用于拍摄。

特别感谢我的妻子朱丽叶（Julie）、我的家庭以及木雕伙伴的支持，他们在这本书创作期间，给予了我莫大的鼓励，尤其是米克（Mick）和帕特（Pat），他们一直在关注本书的进展，并鼓励我坚持下去。

最后，感谢工匠大师协会（GMC）出版社的编辑贝丝·威克斯（Beth Wicks）和罗伯·简斯（Rob Janes）为本书的编排和设计所付出的努力。

引言

我对雕刻日本根付的兴趣由来已久，也非常喜欢欣赏、绘制和雕刻这种微型艺术品，并且获得的结果也令我满意。多年以来，我把环游世界作为自己工作的一部分。住在偏远的旅店中，我晚上总会有无所事事的感觉。为了充实自己的旅途，我会随身带上一些根付材料和一些小工具，在旅店的房间里进行雕刻。这个过程既放松身心，又令人愉悦。有时我也会忍不住猜测，那些清洁工看到垃圾桶里的木屑会做何感想。

我读过很多关于根付的书籍，但很少有介绍根付雕刻方法的。正好我现在退休了，有大把的时间将学到的知识整理出来传授给大家，以弥补这种缺憾。这本书算不上根付雕刻的完全手册，它只是提供了足够多的信息，以鼓励雕刻爱好者大胆进行尝试。

制作微型雕刻并不像人们想象的那样困难，只要掌握一些小型手工雕刻工具和一些较大的电动工具的使用方法，其他方面的技术与普通雕刻并无本质区别。

在这本书中，我会告诉大家什么是根付，以及其实际用途和包含的不同类别。我会向大家分步详解6件根付作品的制作过程（为了版面简洁，随图的步骤文字只标注了序号，比如"1"，它等同于内文中的步骤1，其他序号同理，阅读时请认真对应），以及所使用的特定雕刻技术和表面处理技巧。在这个过程中，我使用的都是经过长时间摸索总结得到的独家方法，而不是传统的日本根付雕刻师所使用的方法。当然，所有方法都殊途同归，都可以完成精美的根付雕刻作品。

本书包含23件根付雕刻作品。每件作品都配有详细的参考图纸，并附有完成后从不同角度拍摄的成品图，从而为你提供了雕刻作品所需的全部信息。

在本书最后的作品长廊部分，展示了更多我的作品，以及一些我的朋友的作品，最重要的是，还有一些由根付雕刻大师休·赖特创作的作品。这些作品有的年代久远，有的是近些年创作的，还有一些则是之前从未公开展示过的珍品。

何为根付？

在 16 世纪到 19 世纪这段时间，日本男性的传统和服存在一个明显的缺点：没有口袋。因此，他们只能把一些日用随身物品（诸如零钱、烟草和药品等）放在一个小容器（提物或印笼）内，通过绳子和一个佩头（或吊坠）部件将容器封口，然后把绳子的另一端系在和服的腰带上。

因为根付雕刻完成后是固定在绳子末端的，所以它的名字由此而来，本意就是"附着于末端的"。根付本质上就是一种简单的卡子，用来防止连接提物或印笼的绳子从腰带上滑落。

根付最早出现的时间已经很难确定，人们普遍接受的观点是，根付的广泛使用发生在 16 世纪早期，当然，也有一些人认为，实际的时

根付

佩头

印笼

一个装饰件齐全的印笼

间点要早得多。不过，关于根付的用途，大家的观点是一致的，即根付是为了满足日本男性日常生活中的实际需要而被创造出来的。

根付的发展历史

以下历史事件刺激了根付的出现。1543 年，葡萄牙人到达日本。他们带去的烟草很快在日本民众中流行起来。随即，便携式的烟斗、烟丝盒、烟灰缸，以及引火物等物品在日本市场的需求量激增，为了确保这些物品携带的安全性，根付很快就应运而生。

1592 年，丰臣秀吉派出一支规模庞大的军队远征中国和朝鲜。行动最终以失败告终，但在 6 年后军队返回时，带回了大量的手工艺品和原材料。日本人对这些新鲜的事物甚是喜爱，并将其中一些纳入自己的文化中，其中包括给文件盖章的习惯。印章和墨水也就作为必需品被他们放入印笼，根付也因此变得更受欢迎。

1603 年，日本进入江户时期。荷兰商人大约在同一时期抵达日本，他们把葡萄牙人看作贸易竞争对手，并想方设法将葡萄牙人驱逐出了日本。1641 年，荷兰东印度公

印笼的另一面

司（Dutch East India Company） 获准在日本政府的严格监管下，在长崎港口的德岛上建立独立的分支机构，继续与日本进行贸易。少数享有特权的中国商人也被允许在该岛上进行贸易。在此之前，日本的闭关锁国政策持续了 200 多年。

1603 年被许多人认为是日本民族艺术的开端，根付只是众多兴起的艺术形式之一。长期的闭关锁国使得日本艺术的发展受到的外部影响极小，同时得益于统治阶级的大力支持，各种艺术形式蓬勃发展，可谓百花齐放，其中不乏一些细致、精美的作品。就拿日本富商来说，他们会千方百计地寻找机会来炫耀自己的富有，因此经常购买使用贵

重木料、象牙、珊瑚、鹿角、漆和许多其他较为珍贵的材料精细雕刻而成的根付。这些精美的微型雕刻作品大多在 1 英寸（25 毫米）到 3¼ 英寸（83 毫米）之间，其制作技艺十分高超。

从 17 世纪早期到 19 世纪晚期近 300 年的时间里，根付雕刻成了专业雕刻师施展技能的主要舞台。根付几乎渗透到了日本民众生活的各个角落。来自日常生活中的复杂场景、人物、鸟类、鱼类、昆虫以及其他动物都可以作为雕刻的对象。早期的雕刻师还会基于日本神话故事或寓言雕刻一些人物和鬼怪，或者选择雕刻葫芦、篮子、盒子和面具之类的物品。令人难以置信的细节雕刻和技巧被运用在这些微型雕刻作品中，据说一些最具代表性的根付作品耗费了超过两个月的时间才完成。毋庸置疑，这些耗费大量心力得以最终问世的作品都是杰出的艺术品。随着时间的流逝，很多根付经过长时间的使用后变得富有光泽，更是平添了几分韵味。

根付的类型

全方位地解读根付已经超出了本书主题所能囊括的范围，但了解数百年来产生的主要根付类型对你还是有帮助的。为了清楚地说明不同类型根付之间的主要区别，本书配备了大量的照片。

根付雕刻也有流派之分，某个流派的雕刻师通常只专注于一种类型的根付雕刻，并将其技艺世代相传。比如一些流派专精于马或老虎这样特定题材的雕刻。

驮着小猪和袋子的猪

形雕根付

最常见的根付类型为形雕根付，按字面意思解释为"造型雕刻"或"圆雕"。这类雕刻常见的题材有人物、动物（比如鸟类）等，每件成品上会打两个孔或利用一个天然形成的开口用于穿绳。

水牛角雕刻的蟾蜍

很多形雕根付是以中国的十二生肖为题材设计的，你可以在下一页看到其中的代表性作品。有一些

象牙果雕刻的海象

木料雕刻的公鸡

黄杨木雕刻的公牛

木料雕刻的鼠

黄杨木雕刻的雄山羊

木料雕刻的野兔

黄杨木雕刻的蛇缠蟾蜍

木料雕刻的猴子

镶嵌鲍鱼壳的黄杨木雕刻的蓝龙

象牙雕刻的老虎

象牙雕刻的马

象牙雕刻的野猪

木料雕刻的狗

作品展示的是日本传统的设计理念，另一些则是由我设计并雕刻的现代风格的作品。无论你是浏览与根付相关的书籍还是网页，十二生肖的主题都是最为常见，也最受欢迎的。

万寿根付

另一种较为流行的类型是万寿根付，它们被设计成扁平的蛋糕状，类似于圆形的日本饺子，当然，也可以是椭圆形或方形的。大多数万寿根付是用一整块材料雕刻而成的，但也有包含两部分组件的作品，万寿根付的背面有用来穿绳的孔或环状结构。穿孔根付是万寿根付中的一个变种，通常是将花、鸟或其他元素雕刻在根付正面，然后制作穿透到背面的孔制成。

黄杨木雕刻的龙形万寿根付

镜面根付

镜面根付（又称镜盖根付）由一个小的碗状底部和置于上方的金属圆片组成。底部通常用象牙或木料制成，上面的金属圆片有时也可以换成镜子，并可以用各种主题对其进行精心装饰，比如花、鸟，或一些诙谐幽默的题材。碗状底部的中央有个孔，绳子可以穿过这个孔连接到金属圆片背面的圆环上。

镶嵌在东非黑黄檀木中的蝴蝶镜面根付

面具根付

面具根付属于微型面具，曾经作为道具在日本戏剧中使用。其中一些面具非常滑稽有趣，另一些则有些吓人。每个面具根付的背面都有一根水平杆，用于穿绳子。

黄杨木雕刻的面具根付

其他类型的根付

其他类型的根付不太常见，甚至可以说十分罕见。其中包括葫芦根付、盒子根付、笼形根付、空心根付和机关根付。葫芦根付通常为葫芦形，由编织用的竹子、金属丝或藤条制成；盒子根付本质上就是小盒子；笼形根付，通常雕刻成篮子或笼子的造型；空心根付，类似于用蛤蜊壳制作的作品，空心并带有穿孔；机关根付，带有隐藏的可活动部件，比如用于控制凸出的舌头和眼睛等部件的拉杆。（在创作这本书的时候，我正在雕刻一个甲壳虫造型的根付，其内部有一个小型钟摆，当钟摆倾斜时，虫子的翅膀就会翻开，底部的珍珠母贝翅膀就会露出。）最后，还有一种竹筷根付，用来放在腰带和和服之间，只有挂在腰带上的顶部是可见的。这种根付类型最为罕见。

目录

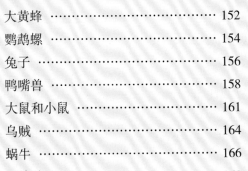

1. 工具和设备

工具箱

下面是我这些年为了雕刻根付所收集的工具，有些是直接购买的，有些是手工制作的，还有一些是我改造的。我的朋友为它们制作了配套的手柄，所以这些工具看起来像是一套。

不要被这里展示的工具数量吓到，你只需要拥有少数几种工具就可以开始雕刻了。大多数情况下，大部分的雕刻都是使用少数几种工具完成的，其他工具只在需要特殊技术或解决特定问题时才会使用。

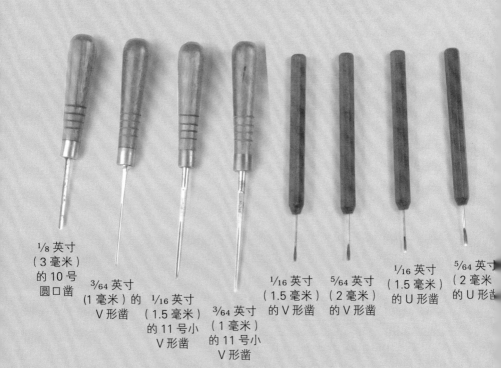

¹/₈ 英寸（3 毫米）的 10 号圆口凿

³/₆₄ 英寸（1 毫米）的 V 形凿

¹/₁₆ 英寸（1.5 毫米）的 11 号小 V 形凿

³/₆₄ 英寸（1 毫米）的 11 号小 V 形凿

¹/₁₆ 英寸（1.5 毫米）的 V 形凿

⁵/₆₄ 英寸（2 毫米）的 V 形凿

¹/₁₆ 英寸（1.5 毫米）的 U 形凿

⁵/₆₄ 英寸（2 毫米）的 U 形凿

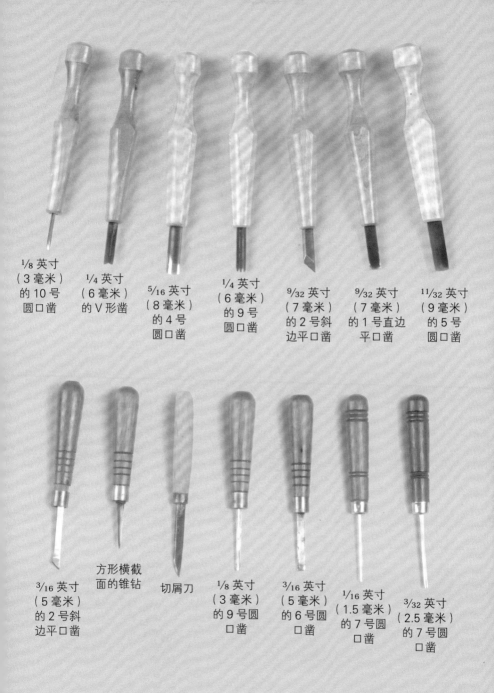

¹/₈ 英寸
（3 毫米）
的 10 号
圆口凿

¹/₄ 英寸
（6 毫米）
的 V 形凿

⁵/₁₆ 英寸
（8 毫米）
的 4 号
圆口凿

¹/₄ 英寸
（6 毫米）
的 9 号
圆口凿

⁹/₃₂ 英寸
（7 毫米）
的 2 号斜
边平口凿

⁹/₃₂ 英寸
（7 毫米）
的 1 号直边
平口凿

¹¹/₃₂ 英寸
（9 毫米）
的 5 号
圆口凿

³/₁₆ 英寸
（5 毫米）
的 2 号斜
边平口凿

方形横截
面的锥钻

切屑刀

¹/₈ 英寸
（3 毫米）
的 9 号圆
口凿

³/₁₆ 英寸
（5 毫米）
的 6 号圆
口凿

¹/₁₆ 英寸
（1.5 毫米）
的 7 号圆
口凿

³/₃₂ 英寸
（2.5 毫米）
的 7 号圆
口凿

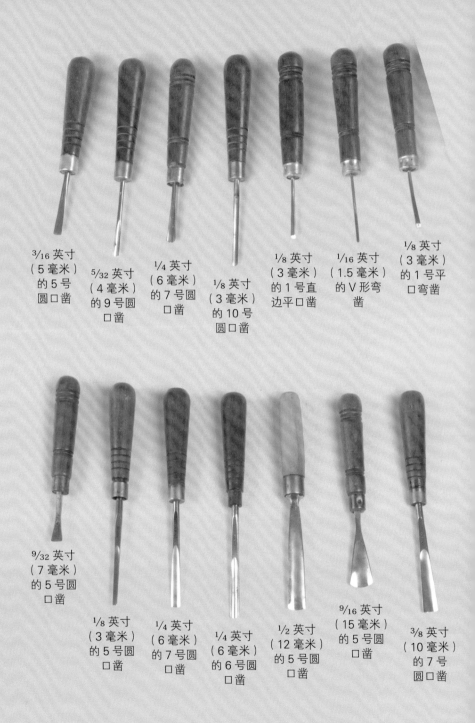

³/₁₆ 英寸
（5 毫米）
的 5 号
圆口凿

⁵/₃₂ 英寸
（4 毫米）
的 9 号圆
口凿

¼ 英寸
（6 毫米）
的 7 号圆
口凿

⅛ 英寸
（3 毫米）
的 10 号
圆口凿

⅛ 英寸
（3 毫米）
的 1 号直
边平口凿

¹/₁₆ 英寸
（1.5 毫米）
的 V 形弯
凿

⅛ 英寸
（3 毫米）
的 1 号平
口弯凿

⁹/₃₂ 英寸
（7 毫米）
的 5 号圆
口凿

⅛ 英寸
（3 毫米）
的 5 号圆
口凿

¼ 英寸
（6 毫米）
的 7 号圆
口凿

¼ 英寸
（6 毫米）
的 6 号圆
口凿

½ 英寸
（12 毫米）
的 5 号圆
口凿

⁹/₁₆ 英寸
（15 毫米）
的 5 号圆
口凿

⅜ 英寸
（10 毫米）
的 7 号
圆口凿

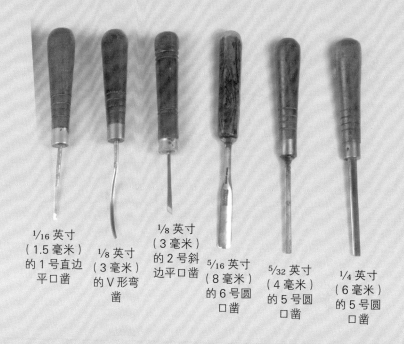

¹⁄₁₆ 英寸
（1.5 毫米）
的 1 号直边
平口凿

¹⁄₈ 英寸
（3 毫米）
的 V 形弯
凿

¹⁄₈ 英寸
（3 毫米）
的 2 号斜
边平口凿

⁵⁄₁₆ 英寸
（8 毫米）
的 6 号圆
口凿

⁵⁄₃₂ 英寸
（4 毫米）
的 5 号圆
口凿

¹⁄₄ 英寸
（6 毫米）
的 5 号圆
口凿

注：括号中的公制尺寸为工具的实际尺寸，可能与英制单位换算的数值有所出入。

塑形工具

除了前几页展示的雕刻工具，还有其他一些用于根付雕刻的工具。只有浮雕工具需要专门定制，其他工具都可以买现成的，而且浮雕工具也不是必备的入门工具。

切割工具

带锯

根据作品的侧视图和正视图，使用带锯切割出根付的轮廓，可以使切割大样的过程变得更容易。我通常会同时切割两个根付的轮廓，手持坯料一端，同时用带锯切割另一端，然后调转方向再次切割，这样我的手能够始终远离锯片。如果你从未使用过带锯，最好提前学习一下。

不过有必要提醒你，由于根付的尺寸很小，你的手距离带锯的锯片肯定会很近，因此你要尽可能地把手放在锯片的侧面或后面，一定不要把手放在锯片前面。另一个我

用来粗切坯料的带锯

一直遵循的原则是，不在其他人在场的情况下使用带锯。使用带锯需要百分之百地集中注意力，即便只有1秒钟的分心也可能造成严重的伤害。

弓锯

弓锯和带锯的切割效果近乎相同，但对于更为精细的切割，最好使用弓锯，虽然这样会花费更长的时间，但绝对是值得的。弓锯有不同尺寸的锯片可供选择，较厚的锯片用于直线切割，较薄的锯片用于复杂轮廓的切割。

线锯

一提到根付，必然会联想到的工具就是线锯，它能精确地切割出复杂的轮廓。线锯锯片很细，以上下移动的方式进行切割，可以非常精确地切割厚度达到 $1\frac{1}{2}$ 英寸（38毫米）的木料。线锯又可以分为手工线锯和电动线锯。

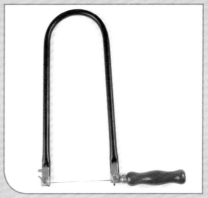

切割精确的手工线锯

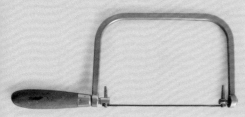

用于精细切割的弓锯

不同尺寸的弓锯锯片

砂轮

在我的工作室里，有一种工具是用来在精细雕刻前进行粗略修整和塑造大致轮廓的，它由一个垂直安装的钻头和位于钻头顶部的砂盘组成。砂纸和砂盘通过魔术贴粘在一起，非常方便更换不同目数的砂纸。这个工具非常有用，尤其是在将方形截面的木料或水牛角打磨成圆形或椭圆形截面的眼睛时。

带托盘的砂轮

我的根付工具箱

雕刻工具

这些年来我购买或改造的工具可谓五花八门，几乎可以满足根付雕刻各个方面的需求。如果遇到用现有工具无法解决的问题，我会对已有工具进行改造。没有必要一开始就买齐所有工具，我经常使用的工具只是其中的一小部分，其余工具只有在遇到特殊问题或难以雕刻的区域时才会用到。

随着时间的推移，为了获得特定的效果，你需要的工具会越来越多。我用来携带这些工具的箱子是用艺术家专用的颜料盒改造而成的（如右图所示），既便宜又便于携带。

只有真正使用时，我们才能明白，不同的圆口凿和平口凿是如何发挥作用，以及可以实现何种效果。

因为根付属于微型雕刻，不需要去除大量废木料，因此使用的圆口凿和平口凿型号都较小，且只需用手施加压力，无须用木槌敲击。通常，弧度较小的圆口凿用于去除较薄的木屑，弧度较大的圆口凿用于去除较厚的木屑，凿口的宽度决定了切口的宽度。

5号圆口凿

$^3/_{16}$ 英寸（5毫米）的5号圆口凿是我在雕刻根付的整体轮廓时最常使用的一种工具，它能去除较薄的木屑，使你能够有控制地沿直线雕刻，不会出现凿切过度的情况。

9号圆口凿

$^1/_4$ 英寸（6毫米）的9号圆口凿稍大一些，可用来去除较厚的木屑，用于界定根付的特征性部位，并快速去除周围的废木料。例如，

你正在雕刻一只青蛙或兔子的侧面，在用 9 号圆口凿勾勒出腿部的轮廓后，你就可以用该圆口凿去除前腿与后腿之间的多余木料，塑造出作品的腹部。注意沿轮廓线凿切时不要切入太深，因为这款圆口凿不易控制，很容易越过画线。

平口凿

我通常使用不同宽度的平口凿来凿切曲面的外部轮廓，或者沿直线清除废木料。使用 1/16 英寸（1.5 毫米）的平口凿可以深入各种狭窄区域清理松散的木屑。斜边平口凿也可以切入狭窄的边角。

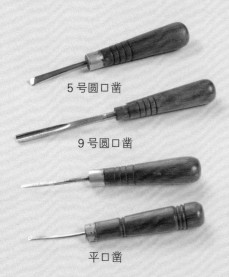

5 号圆口凿

9 号圆口凿

平口凿

V 形凿

1/16 英寸（1.5 毫米）的 V 形凿通常专门用来雕刻动物毛发，勾勒尾巴或腿部的特征性线条，或者是在蜗牛壳以及类似的材料上进行长程切削。各种 V 形凿可以从专业制造商手中购买。其宽度可以小至 1/16 英寸（1.5 毫米）。优质的工具在很长一段时间内都能保持锋利，如果使用和存放得当，可以使用多年。我只有一把专门用于雕刻毛发的凿子，到现在仍在使用，这种工具是很耐用的。

U 形凿

1/16 英寸（1.5 毫米）的 U 形凿非常适合勾勒眉毛、耳朵、四肢和尾巴的特征性线条，因为这些部位的线条不需要界限分明。

弯凿

凿身弯曲的圆口凿和平口凿适合雕刻普通凿子难以进入的区域，在这些区域，普通凿子的刃口无法与木料表面成直角。这些小工具的握持方式与握铅笔类似，需要用大拇指、食指和中指握住工具，这样可以使雕刻过程更舒适。

其他还未提及的工具大多是在常见工具的基础上改造而成的。随着时间的推移和雕刻经验的积累，你会发现哪些工具最好用。

其他工具

卡规

　　小型卡规用来测量雕刻件的尺寸是否与图纸尺寸一致。在整个雕刻过程中，应经常用卡规检查雕刻件，以确保根付的主要特征能够正确呈现。

平口刮刀

锥钻

　　需要采用"麻雀啄食"技术（见第44页），将锥钻以很近的间隔插入木料中，才能形成所需的凹痕，产生的整体效果是，使背景内收，前景突出。这种技术手法常常用来雕刻蟾蜍身上的隆起。锥钻的横截面可以是方形的，也可以是圆形的，它们在木料上留下的痕迹虽浅，但看起来明显不同。

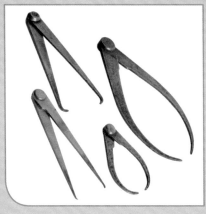

各种卡规

刮刀

　　刮刀种类多样，用于清理和整平根付的表面，以及那些用砂纸打磨不到的区域。在我看来，刮刀的作用一直以来被低估了，它们能够形成非常光滑的表面，而这是其他工具无法企及的。刮刀需要具有非常锋利的边缘，但其形状可以多种多样，具体形状取决于需要执行的操作。

圆形横截面和方形横截面的锥钻

浮雕工具

　　根付浮雕是一种独特的日本雕刻技术，用来在木料表面制作小的隆起。将工具的圆头末端压入木料表面，然后用圆口凿向下雕刻到凹陷区域底部。最后，将温水洒在刻好的木料表面，刻痕就会吸水膨胀形成隆起。我用一颗大钉子自制了一把这种浮雕工具。首先把钉子底部锉削成球形，然后在煤气喷灯上加热使其变成稻麦色，再放入水中进行淬火使其硬化。我还为浮雕工具添加了一个直径很大的手柄，使它更容易握持在手掌中，并能给木料表面施加最大的压力。

锉刀

在雕刻根付时，我会用到粗糙程度各不相同的多种锉刀。最终的作品表面不应该留下任何划痕，所以对于面积较大的区域，可以先用粗锉刀锉削，再换用细锉刀继续处理，最后用砂纸打磨掉锉削痕迹。对于较小的区域，可以直接使用细锉刀锉削。以下是我挑选出来的一些锉刀。山特维克（Sandvik）砂光托板可以用自黏托板替代，锉刀就安装在托板末端。这个工具最适合打磨大面积的区域。金刚石锉刀和针锉则适合进入狭窄区域完成操作。最后一张图展示的是永久颗粒（Perma-Grit）品牌的碳化钨锉刀，其两端的形状是不同的。

自制浮雕工具

山特维克砂光托板

不同形状的针锉

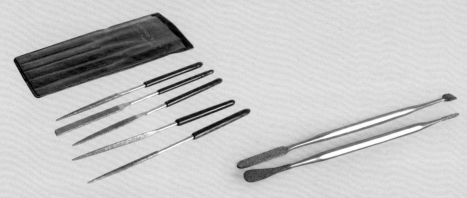

小型金刚石锉刀　　　　　　　永久颗粒牌碳化钨锉刀

砂纸和砂磨棒

砂纸的种类很多，按照目数的多少进行分级。目数越低的砂纸，颗粒越粗糙，反之，目数越高的砂纸，颗粒越精细。根付雕刻只需要使用颗粒精细的砂纸。我通常会用120目的砂纸开始打磨，然后逐渐将砂纸目数增加到400目。每次换用目数更高的砂纸，都是为了去除较低目数的砂纸打磨时留下的划痕。

我认为，最适合打磨微型雕刻作品的砂纸是那种具有布料背衬的柔软型砂纸。这种砂纸可以任意折叠，用来处理各种狭窄的区域。

砂磨棒通常用于打磨一些很难触及的区域。如果砂磨棒上某一区域的砂纸破损了，可以滚动砂纸带，露出新的砂纸，或者直接更换砂纸带。美中不足的是，可用于砂磨棒的砂纸目数非常有限。

包含不同等级砂纸的砂磨棒

微网（Micro-Mesh）牌砂纸和砂磨棒。微网牌砂纸品质极佳，它最初是为打磨宝石开发出来的，但后来人们发现，这种砂纸打磨木料的效果也非常好，而且它的目数可以达到惊人的12000目，用其打磨的木料表面非常光亮。微网牌砂磨棒具有4个加工区域，因此同一砂磨棒包含4种目数等级的砂纸，每面各2种。黑色砂纸的颗粒最为粗糙，粉色的次之，然后是白色的，灰色砂纸的颗粒最为精细。它们是在抛光前对根付表面进行处理的最佳工具。

铅笔

不要忽视看似不起眼的铅笔，它决定着你在木料上所绘制的设计线条的质量。如果铅笔芯太软，比如2B铅笔，在雕刻时线条很容易被磨掉，因此我建议你使用H或2H铅笔。如果你选用的是深色木料，为了使线条清晰可见，你需要使用白铅笔画线。切记不要使用毡头笔画线，因为笔尖中的墨水很容易渗入木料中，你还需要额外花时间清除墨迹。我选用的是笔尖尖细的黑色中性笔。这种笔画出的线条很细，且墨水几乎不会渗入木料表面，可以用刮刀轻松刮掉墨迹。

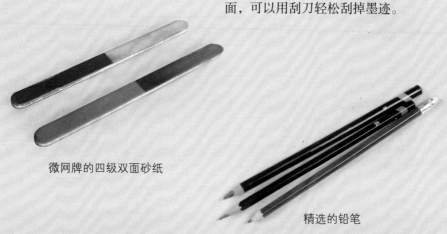

微网牌的四级双面砂纸

精选的铅笔

旋转式电动工具

这些年，我积攒了一些可用于旋转式电动工具的钻头和刀具，这些都可以作为根付雕刻的有益补充。这些工具样式繁多，总有一款能满足你的需求和预算。

我使用的第一台电动工具是小巧轻便的微工艺（Minicraft）牌手持式电钻。这个工具的优点是可以深入一些看似无法触及的棘手区域。其他多功能型电动工具要重得多，但动力更足，并且可以调节转速。后来，一些功能类似但动力更强劲，同时更轻便的电动工具相继问世，其中包括一些柔性驱动的工具。这些电动工具都配有一系列的夹头，用来安装具有不同柄脚直径的刀头。值得注意的是，许多廉价

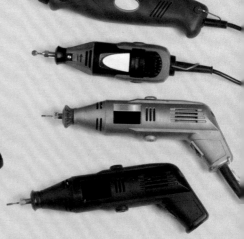

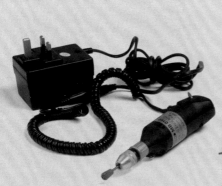

微工艺牌轻便电钻

多功能型电动工具和其他旋转式电动工具

的电动工具虽然看起来是节省了成本，但从长远来看，因为它们可靠性较低，需要经常更换，所以不一定划算。

此外，还有一点很重要，即使用电动工具时会产生大量粉尘，为了保护你的肺，你至少需要佩戴防尘面罩，或者，最理想的情况是，安装除尘设备。

下图是一些用于雕刻根付的刀头，我把它们分组展示出来，并在每个刀头下方配有刀具直径和使用说明。

当然，还有许多其他类型的刀头，随着实践的深入，你会很快知道，哪些最符合你的需求。

圆头刀头是用来钻取眼窝和绳孔，以及雕刻隆起部分的。也可以用圆头刀头为特定的狭窄区域进行塑形和去除废木料，比如那些因为木材纹理和雕刻角度的缘故，圆口凿无法正常进入并进行切割的部位。废木料去除刀头用来去除雕刻件外围的多余木料。例如，在使用带锯

¹⁄₃₂ 英寸　³⁄₆₄ 英寸　⁵⁄₆₄ 英寸　⁵⁄₃₂ 英寸　¹⁄₄ 英寸
（0.5毫米）（1毫米）（2毫米）（4毫米）（6毫米）

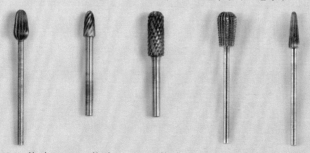

¹³⁄₆₄ 英寸　⁵⁄₃₂ 英寸　¹⁵⁄₆₄ 英寸　¹⁷⁄₆₄ 英寸　¹³⁄₆₄ 英寸
（5毫米）　（4毫米）　（6毫米）　（7毫米）　（5毫米）

第一行：圆头刀头；第二行：废木料去除刀头。

①圆头刀头刻出的凹痕　　**②③**倒锥形刀头雕刻出的　　**④**圆锥形刀头以"麻雀啄
短粗线和长曲线　　　　食"技术雕刻出的印记

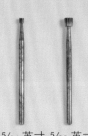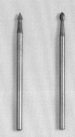

⁵/₆₄ 英寸 ⁵/₃₂ 英寸　　⁵/₆₄ 英寸 ⁵/₃₂ 英寸　　⁵/₆₄ 英寸 ⁵/₆₄ 英寸
（2毫米）（4毫米）　　（2毫米）（4毫米）　　（2毫米）（2毫米）

圆头刀头　　　　　　倒锥形刀头　　　　　　圆锥形刀头

将根付的侧面和正面两个方向的轮廓切割出来后，我会选取一种废木料去除刀头来修圆边角，并在添加细节线条之前，粗修出根付的整体形状。

在上面的示例面板中，我展示了使用多功能型电动工具搭配不同刀头所雕刻出的各种纹理样式。

从左边开始。凹痕①是用圆头刀头刻出的。这种特殊的纹理主要应用于传统根付制作中青蛙和蟾蜍的雕刻。

倒锥形刀头常用来雕刻②③中这样的粗线条。图中所示的分别是用这种刀头雕刻出的短毛发和浓密的长毛发。我使用这种刀头成功地雕刻了几只老鼠的毛发以及龟壳上的鳞片。

最右侧的④是用两个圆锥形刀头采用"麻雀啄食"技术雕刻的，圆锥形刀头还可以为青蛙和蟾蜍作品钻取鼻孔。随着电钻的运转，刀头被压入木料表面，形成整齐的小孔。孔的尺寸可以通过改变刀头的钻入深度进行调整。

　　因为这些刀头的旋转速度非常快，以致使用过程中很容易出错，所以在正式开始雕刻前应该先在备用木料上进行练习。

　　电动工具大大提高了根付的雕刻速度。最主要的好处就是，你可以相对快速地获得根付雕刻件的粗切大样，从而可以省下更多的时间，专注于使用传统工具雕刻根付作品的细节。

材料

早期的日本根付雕刻师会利用一切合适的材料（包括本土的和进口的），来制作这些复杂精巧的微型雕刻作品。最常见的材料是木材和象牙，但许多其他材料也能获得很好的效果。

木材

最常用的日本本土木材包括日本柏木、紫杉木、山茶木、樱桃木和黄杨木。其他种类的木材，比如乌木、柿木和檀香木，则是从别的国家进口的，主要用于制作家具或其他大型木制品，剩下的边角料则可以用来雕刻根付。对于木料的选择，耐用性是一个主要的考虑因素。如果它还具有独特的颜色（比如乌木）或气味（比如檀香木），将会是意外之喜。

我能够想象得到，日本根付雕刻师在见到漂洋过海而来的新材料时溢于言表的兴奋之情，因为新材料能够赋予雕刻许多新的可能性，比如新雕刻技法的运用。

黄杨木

我最喜欢使用的根付材料就是黄杨木。黄杨生长非常缓慢，因此其木材纹理细密，质地坚硬，可以在任何方向上进行精雕细琢。黄杨木雕刻起来很费力，但成品效果会让你非常满意。

刚切开的黄杨木湿材呈乳黄色，随着时间的推移，木材的颜色会逐渐变深，最终成为颜色层次丰富的蜂蜜色。

黄杨木不是大宗木材，从专业销售雕刻材料和木旋坯料的木材公司购买黄杨木会比较容易。

黄杨木雕刻的章鱼

素，所以细节雕刻的效果不会因为纹理的变化或些许瑕疵受到影响。

冬青木

冬青木纹理细密，颜色呈灰白色，非常适合雕刻，能够很好地呈现雕刻细节。纹理并不是决定性的因素，因此存在少许斑点的木料并不会影响雕刻效果。

梨木雕刻的鼠宝宝

椴木

椴木是一种易于雕刻的白色木材，但有时雕刻细节的呈现效果不佳，比如雕刻毛发。因此，我更喜欢用它来雕刻表面光滑的根付。随着时间的推移，椴木会逐渐变成颜色层次丰富的蜂蜜色，其抛光效果也很好。

冬青木雕刻的兔子

梨木

梨木纹理均匀，颜色为棕红色，展现雕刻细节和抛光的效果非常好。同样地，因为纹理不是决定性的因

椴木雕刻的沉睡的野猪

樱桃木

樱桃木是另一种非常适合雕刻的木材。它具有漂亮的金黄色，抛光效果也很好。不过，樱桃木的纹理通常过于明显，因此需要仔细选择雕刻主题。

樱桃木雕刻的蝙蝠

东非黑黄檀木

东非黑黄檀木的颜色为黑色，质地均匀，具有独特的魅力。虽然它质地坚硬，难以雕刻，但根付的成品效果非常诱人，散发着与众不同的黑色光泽，因此非常值得雕刻者为之努力。东非黑黄檀木很容易从进口木材供应商那里购得。

粉红象牙木

这种木材来自南非的一种濒危树种，其砍伐受到严格的管控。粉红象牙木很难雕刻，但与黄杨木一样，它十分适合细节雕刻，且具有诱人的色泽。随着时间的推移，它的颜色会逐渐变深。

粉红象牙木雕刻的蜗牛

东非黑黄檀木雕刻的鼹鼠

侯恩松木

侯恩松是塔斯马尼亚岛独有的濒危树种，因此数量非常有限。其他大多数种类的松木因为质地软硬不均，很难进行雕刻，抛光效果也不好。相比之下，侯恩松木不仅易于雕刻，抛光效果极佳，且加工过

侯恩松木雕刻的伞菌

程中会散发出独特的香气。

长牙及其替代品

象牙和很多尖刺状物都是动物牙齿的延伸。象牙并非日本本土材料，主要来自亚洲国家的印度象，大部分通过中国输入日本。当日本终于打开国门加入国际贸易的行列时，从世界各地购买原材料成为现实，来自非洲的象牙也成为可用的根付雕刻材料。海象的象牙和独角鲸的尖刺也被进口到日本用来雕刻根付。另一方面，作为来自日本本土的动物，野猪的牙，尤其是较长的雄性野猪獠牙，也被用来雕刻根付。海洋动物的牙齿，比如鲸的牙齿，同样被用于根付雕刻。

象牙

虽然现在全世界禁止买卖新象牙，但仍然可以从 1925 年之前的象牙台球制品或二手象牙制品中获得象牙材料。回收象牙，并将其雕刻成属于自己的根付藏品，是充分发挥象牙价值的合理方式。象牙具有独特的纹理，因此很容易与其他种类的牙材料、象牙果或塑料制品区别开来。

其他长牙

远东国家的专业根付雕刻师会用猛犸象的牙齿来替代象牙。大多数猛犸象象牙产自俄罗斯，如果没有猛犸象象牙，鲸鱼的牙齿也是不错的选择。在旧时的捕鲸船上，因纽特人和水手常常用鲸鱼牙齿进行雕刻，即所谓的"牙雕"。野猪牙也是长牙材料的来源之一。我在纳米比亚出差时，就获得了一些小块儿的野猪牙。

仿象牙

有一种塑料产品被称为仿象牙，在市面上很容易买到。它易于切割和锉削，抛光效果也很好，虽然我还没有用这种材料雕刻过完整的根付作品，但用它制作过蟾蜍的眼睛。

象牙果

这种坚果通常被称为"植物象

牙"，因为其质地坚硬难以雕刻，而且看起来与象牙的颜色质地相仿。象牙果来自一种名为"象牙椰子"的棕榈树，这种树是生长在南美洲安第斯山脉两侧的"象牙棕榈树"家族中的一员。这一地区的印第安人将象牙果视为一种特殊的雕刻材料。在日本，它通常被称为布若吉（Bunroji），用于根付雕刻的历史已经超过100年。象牙果无毒无害，大小适中，将其浸泡在红茶中，象牙果会被染色，并呈现出柔和的颜色。象牙果同样可以从进口木材供应商那里获得。

未经雕刻的象牙果

野猪的獠牙（左侧）、鲸鱼的牙齿（后方）以及台球形状的象牙（右侧）

象牙果雕刻的蜗牛

一块仿象牙

中国雕刻师制作的象牙果北极熊

其他材料

其他的传统材料包括鹿角、珊瑚和琥珀。有的根付甚至是用金属铸造或用烧制的瓷器制成的。根付雕刻也会用到生漆，通常是在开始雕刻前，在原料表面涂抹若干层生漆。现在，除了更为现代的材料，这些传统材料仍然在使用。

在接下来的内容中，我会介绍在雕刻根付时使用过的其他材料，以及一些我已经获得并打算在将来使用的材料。

琥珀和树脂

琥珀价格昂贵，所以想要购买足量的琥珀用于雕刻根付，不是一件容易的事。我曾用琥珀雕刻了一条蛇，还用琥珀制作眼睛镶嵌在鲤鱼和蟾蜍根付上。我后来偶然发现了树脂这种材料，它被作为"未成熟的琥珀"进行售卖。很明显，这是一种松树的树脂，只不过，有着琥珀一样的颜色——从淡黄色到橙色——里面还包裹了昆虫。树脂比琥珀要便宜得多，所以我已经购买了一些作为将来雕刻之用。

鹿角

有些根付雕刻师也用鹿角作为雕刻材料。因为许多英国的手杖制造商会使用这种材料，所以你可以

部分由琥珀雕刻的蛇

这块树脂的形状看起来像一只章鱼

鹿角

从手杖制造商那里获得原材料。我近期入手了一些鹿角，但还没有开始雕刻。

水牛角

色泽乌黑，质地均匀致密的水牛角也可以从手杖制造商那里购买。水牛角易于锯切和锉削，虽然难以雕刻，但并非完全无法雕刻，可以使用木工雕刻凿小幅（每次只能形成细小的切口）雕琢。水牛角具有一种令人难以置信的光泽。下面的照片中有一只风格夸张的乌鸦，就是我用水牛角雕刻而成的。鼹鼠是我打算用水牛角雕刻的下一个题材。

皂石

这是另一种易于获得的材料，人们对它的印象来自各种形式的非洲雕刻品。皂石易于用木工雕刻凿进行雕刻，它能够呈现非常精致的细节，抛光效果也很好。不过，皂

一块水牛角

水牛角雕刻的风格夸张的乌鸦

未切割的绿色皂石和完成部分雕刻的粉色皂石小兔

石的硬度差异较大，有时需要使用雕刻石头的凿子和锉刀进行加工。皂石的颜色繁多，我使用的是浅粉色和浅绿色的皂石。

孔雀石

孔雀石和其他石头一样，也是可以雕刻的，但孔雀石更为坚硬，因此雕刻难度更大。虽然下图所示的孔雀石青蛙根付耗费了我很多精力，但看到孔雀石赋予了青蛙根付自然和谐的绿色，这一切努力都是值得的。孔雀石可以从专门售卖石材或化石的商店获得。

从纳米比亚购买的孔雀石蛋

孔雀石雕刻的青蛙根付

镶嵌物

我会使用不同的材料制作用于镶嵌的眼睛，常用的材料包括象牙或仿象牙、水牛角、琥珀以及其他半宝石类材料。闪亮的黑色水牛角是制作鸟类眼睛和蟾蜍瞳孔的理想材料。我还尝试过使用不同颜色的木材制作眼睛，比如用冬青木制作虹膜，用东非黑黄檀木制作瞳孔。不过，虹膜的颜色明显受到可用木材的颜色限制。

鲍鱼壳是制作鳞片的绝佳材料，比如龙形根付身体上的鳞片，而珍珠母贝则在雕刻昆虫时非常有用，比如用来制作甲虫的后翅。这些材料都可以从专门售卖石材或化石的商店购买，也可以使用彩色树脂加以代替。此外，也可以采用在作品表面镶嵌木贴皮的方式来制作鳞片。

希望通过我的介绍，能让你对早期根付雕刻师所使用的材料和现在市面上可用的材料有所了解。还有许多其他材料也是可以使用的。我相信，只要你完成了一两件根付作品，就会忍不住尝试使用其他材料，以获得独特的设计效果。

各种树脂棒

珍珠母贝

鲍鱼壳、珍珠母贝、琥珀和各种彩石

安全性

与其他类型的雕刻一样，根付雕刻也存在风险，并且由于其尺寸较小，手指更容易靠近刃口，因此风险更大一些。不过，只要考虑得周到一些，这些问题都可以轻松解决。你要培养一种思维方式，每次开始操作前把要做什么考虑清楚，以及如何才能安全地完成操作。根据经验，最快的操作方式往往不是最安全的。

锯切

用手工线锯或弓锯等手锯锯切相对比较安全，需要多加小心的是电动锯，比如带锯和电动线锯。当你需要使用电动锯来切割出根付的坯料大样时，一定要保持手指远离刃口，将手指放在锯片的侧面或后面。

雕刻

当你手握根付进行雕刻时，几乎不可能让双手同时处在工具刃口的后面，戴上雕刻手套可以避免手滑造成的受伤。不过，你要货比三家，选择最适合你的手套。

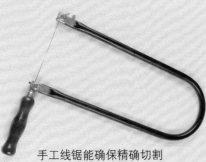

手工线锯能确保精确切割

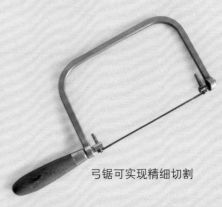

弓锯可实现精细切割

在接下来的雕刻操作部分，你会发现，我通常会同时雕刻两个背靠背的根付，两个根付通过一块中央木块连接在一起，这样方便在雕刻一端时，可以用手握住另一端，从而保持手指远离刃口。如果雕刻单独一个根付，我会在作品主体的一侧保留一小块额外的材料，以便于在雕刻时握持，从而保证手指远离工具的刃口。如果有必要，还可以把材料这个凸出的部分夹在台钳上，以解放双手完成其他工作。

最后，为了防止凿子不小心滑落到腿上造成伤害，可以穿戴一条厚的皮围裙。在某种程度上，它也可以防止电动工具出现打滑。

木屑和颗粒物

在使用电动工具时，粉尘和小木屑会四处飞扬。稍大的木屑可能会意外地飞向眼睛，而较小的粉尘则可能被吸入肺中，更细小的颗粒经常弥漫在空中，飘浮很长时间。因此，如果需要长时间工作，应该佩戴一个带有下拉式面罩和内置风扇的头盔，风扇通过过滤器将空气吸入头盔，正向压力则可以阻止颗粒从面罩下方飞入眼睛。头盔的电池可以卡在腰间的皮带上。

为了保护你的肺部和眼睛，应购买质量过硬的除尘器，最好是空气过滤器，虽然其价格较高，但十

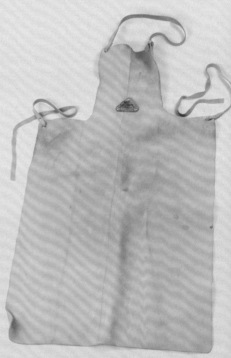

具有保护作用的厚皮围裙

适合雕刻时佩戴的手套

分必要。因为许多便宜的机器只能吸附较大的木屑颗粒，而细小的颗粒仍然会飘浮在空气中。保护好你的眼睛和肺，原装件是不可替代的。如果是短时间的机器雕刻或打磨，你可以简单地佩戴面罩和护目镜进行防护，不过要注意，在佩戴面罩时，护目镜可能会起雾。

可调式台灯

用来保护眼睛的面罩

刻细节，可以用一个可调式台灯提供照明。带锯和其他电动工具在操作时也应匹配充足的照明，在阴影中操作这些工具无疑是非常危险的。

视力

光线

　　如果天气温暖，我喜欢坐在花园的座椅上雕刻，因为这样可以充分利用最好的光线——自然光。在自然光的照射下，雕刻根付的细节线条会变得容易得多，比如雕刻毛发或羽毛。如果在工作室里雕刻，要尽量坐在靠窗的位置，并确保室内光线充足。如果需要聚焦一处雕

放大

　　额外的放大倍数会帮助你更清晰地观察细节。市面上有多种放大镜可供选择，涵盖从包含支架结构的静电放大镜到可以安装在眼镜上的下翻镜片式等各种类型，有些放大镜甚至具有内置光源。当然，放大镜的主要作用还是避免眼睛疲劳。你可以多比较几种，挑选出最适合自己的。在正式购买之前，最好先试用一下。

些木料和其他东西被堆放在地板上。干净整洁的地面意味着你可以自由活动，且不用担心被绊倒。此外，松开的鞋带也会成为绊倒你的隐患，所以一定要把鞋带系牢。当你使用电动工具时，这一点尤为重要。

电力供应

离开工作室时务必关闭所有电源，因为电力故障很容易引发火灾。请养成检查所有设备的电源是否关闭的习惯。

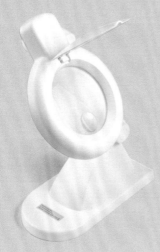

下翻镜片式放大镜

其他事项

杂物

如果工作室的地板上总是堆满了各种杂物，你很可能会被绊倒。不论构建了多少架子，总是会有一

急救箱

在你的工作室内准备一个定期更新、物资储备充足的急救箱，以便在意外割伤或出现其他伤害时能够及时处理。

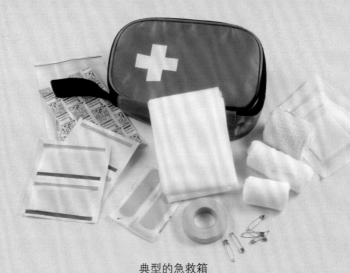

典型的急救箱

防火

用来擦拭油类表面处理产品的抹布在没有展开并晾干之前很容易自燃。为了避免火灾，请认真阅读产品容器上的使用说明，并将用过的抹布晾在室外风干，或者以其他安全的方式进行处理。

此外应注意，尽量将室内的锯末和木屑保持在较低水平，以降低火灾风险。

通讯

当工作室发生紧急情况时，最明智的做法是通过某种通讯方式寻求帮助，可以是无绳电话，也可以是手机。虽然用到它的可能性不大，但它必须处于安装就位且可以随时使用的状态。

最后

时刻谨记安全第一。

2. 雕刻技术

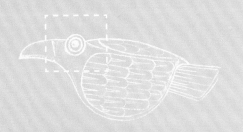

制作和镶嵌眼睛

眼睛是根付的灵魂，传神的眼睛可以吸引你的目光，增强根付的艺术表现力；反之，则会破坏根付的艺术效果。但是，如果眼睛放错了位置，或者没有准确对齐，作品看起来就会十分别扭，所以需要格外注意眼睛的绝对位置和彼此间的相对位置关系。接下来我会讲解制作和镶嵌眼睛的技巧，并展示相关的效果。

一般材料

首先，用铅笔画出眼睛的位置（步骤1），并从各个方向进行观察，反复检查它们的位置是否合适。如果觉着有问题，就将铅笔画线擦掉，然后重新画线。只有在你对眼睛的位置完全满意后，才能开始制作和镶嵌眼睛的过程。

将圆头刀头固定在多功能型电动工具的夹头上，钻取约 5/32 英寸（4毫米）深的眼窝（步骤2）。如果你手头上没有直径合适的刀头，可以使用一个直径略小的刀头，先钻孔到合适的深度，然后再逐渐沿孔

的四周移动圆头刀头，扩大眼窝的直径，直到圆头刀头与标记的眼窝轮廓线相遇（步骤3）。

用于制作眼睛镶嵌物的材料首先被裁切成长 2~2½ 英寸（51~64毫米）的销钉，注意材料的纹理（如果有的话）应沿着销钉的长度方向延伸（步骤4）。销钉的横截面应为方形或矩形，并应比最终的眼睛尺寸稍大。可以用带锯或弓锯切割销钉，然后用砂轮打磨销钉的末端，制作出形状满足需要的、略带锥度的末端。

在本例中，我选取的是仿象牙材质的销钉（步骤5）。先为销钉的

1. 画好用于钻孔的眼窝轮廓线。

2. 先在眼窝中心钻取一个小孔，然后逐渐扩展。

3. 将眼窝扩展至眼窝轮廓线处。

4. 仿象牙、水牛角和东非黑黄檀木销钉，其末端被塑造为略带锥度的形状。

5. 蟾蜍本体和准备好的仿象牙销钉。

6. 将销钉插入眼窝中，以确认其与眼窝贴合是否紧密。

一端塑形，检查其与眼窝的匹配程度。如有必要，可以用锉刀手动锉削销钉末端，直到其与眼眶能够紧

密匹配（步骤6）。

　　当销钉末端可以与眼窝紧密贴合时，将销钉取下，在眼窝内涂抹

胶水后，再次插入销钉并压紧。随后用 5/64 英寸（2 毫米）的圆头刀头将销钉切断，使其末端凸出于眼窝几毫米（步骤 7）。

继续用销钉塑造蟾蜍的另一只眼睛，并重复上述过程。当两只眼睛都嵌入到位后，将作品放置过夜，等待胶水完全凝固。第二天，用扁平针锉将眼睛修整圆润，并保持双眼形状一致（步骤 8）。注意在锉削眼睛的过程中，不要失手划伤蟾蜍的头部。

接下来，在两只眼睛上画出瞳孔的位置，然后用 5/64 英寸（2 毫米）的圆头刀头钻孔（步骤 9）。

取一根水牛角销钉，在砂轮上将其打磨出所需的锥度，然后将其插入一只眼睛的钻孔中测试贴合度（步骤 10）。

如果销钉与钻孔非常贴合，将其取出，在钻孔中涂抹胶水，然后再次插入销钉并压紧。切断销钉，使其末端凸出于眼睛 1 毫米左右。静置一段时间，等待胶水完全凝固（步骤 11）。

对销钉重复上述操作步骤，制

7. 将两个销钉胶合在眼窝内并切断。

8. 将眼睛部件锉削圆润。

9. 在两只眼睛上画出瞳孔，然后用圆头刀头钻孔。

10. 将制作瞳孔的销钉插入钻孔中测试贴合度。

11. 切断水牛角销钉，等待胶水凝固。

12. 用微网牌砂磨棒打磨瞳孔部件。

作出另一只眼睛的瞳孔。注意在测试销钉贴合度时，不要用力过猛，否则仿象牙材质的眼睛会开裂。如果出现这种情况，需要将眼睛部件取出重新制作。

待两个瞳孔都粘牢后，用扁平针锉对其进行塑形。之后再依次使用微网牌砂磨棒上四个等级的砂纸打磨瞳孔部件，直到瞳孔部件变得光亮（步骤 12）。

在制作鹪鹩或者麻雀这样的小鸟眼睛时，黑色的眼睛就足够了。不同颜色的眼睛可以通过使用不同种类的木材或其他材料来实现。我试过用多种材料组合来制作眼睛，以达到预期的效果。

琥珀

用琥珀制作眼睛的过程完全是另一种景象，因为琥珀的体积通常很小，难以夹持。琥珀的颜色范围较广，囊括从非常浅的颜色到较深的颜色。如果你想要制作透明的眼睛，要避免使用乳白色的琥珀。在这里，我会向你展示将琥珀眼睛镶嵌到猫头鹰根付上的做法。

首先，用一个 ¼ 英寸（6 毫米）的圆头刀头钻取眼窝（步骤 13），注意：眼窝的底部是一个凹面，而不是平面。在两个眼窝内涂抹一层镀金清漆，然后取一块琥珀，将其一端磨圆，并插入眼窝测试贴合度，之后取出琥珀，用微网牌砂磨棒打磨琥珀的侧面，使镀金眼窝尽可能地透出。（步骤 14）。

用 ⁵⁄₆₄ 英寸（2 毫米）的圆头刀头在琥珀磨圆的底部钻取瞳孔（步骤 15）。用尖细笔尖的黑色墨水笔将瞳孔染黑（步骤 16）。

13. 钻取眼窝。

14. 将打磨好的琥珀插入涂有镀金清漆的眼窝中测试贴合度。

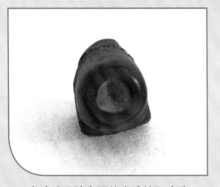

15. 在琥珀眼睛磨圆的末端钻取瞳孔。

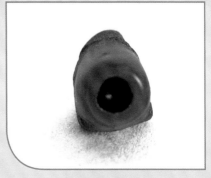

16. 用尖细笔尖的黑色墨水笔将瞳孔染成黑色。

在眼睛内边缘涂抹胶水，将琥珀插入眼窝，用手按压至少30秒。静置数小时，待胶水凝固后，用一个固定在多功能型电动工具上的5/64英寸（2毫米）的圆头刀头切掉多余的琥珀（步骤17）。用同样的刀头轻轻粗修眼睛，使眼睛表面略成穹顶形，再用扁平针锉对其进行精修（步骤18）。

依次用微网牌砂磨棒上四个等级的砂纸打磨眼睛，直至琥珀变得透明，黑色的瞳孔和金色的眼窝呈现出来（步骤19）。穹顶形的眼睛具有类似放大镜的效果，可以使瞳孔看起来更大。如果琥珀材料足够长，可以继续制作另一只眼睛，那就再好不过了，这样有助于两只眼睛的颜色保持一致（步骤20）。

17. 将琥珀胶合到眼窝内，并切除多余部分。

18. 对眼睛进行修整。

19. 对眼睛进行打磨处理。

20. 从正视图可以看出，双眼处在正确的位置。

贝壳

　　用贝壳（比如珍珠母贝或鲍鱼壳）制成的眼睛，通常很薄，所以必须像木皮那样进行镶嵌处理。这需要在根付表面凿切出一个浅凹口，使其深度接近贝壳的厚度，并将其修整为所需的眼窝形状。然后从贝壳上切取眼睛部件，用锉刀进行修整，直到眼睛部件与凹口完全匹配。

　　在这个例子中，我使用鲍鱼壳来制作龙形万寿根付的眼睛。第一步，在黄杨木坯料上画出龙的设计图（步骤21）。接下来，用 5/32 英寸（4毫米）的9号圆口凿凿切出眼窝的侧面，用 3/32 英寸（2.5毫米）的7号圆口凿凿切出眼窝顶部和底部的轮廓，最后的眼窝呈椭圆形。

然后用 1/16 英寸（1.5 毫米）的 1 号直边平口凿清理眼窝内侧区域，直到其深度与所使用的贝壳厚度一致。

为了便于雕刻，用尖头墨水笔在鲍鱼壳上画出眼睛的形状（步骤 22）。然后用固定在多功能型电动工具上的 3/64 英寸（1 毫米）的锥度刀头将眼睛部件切割出来。如果把眼睛部件完全从鲍鱼壳主体上切下，眼睛部件会因为尺寸太小，难以握在手中用针锉进行锉削修整。为了解决这个问题，只需切断大部分的连接，而且我通常会在腿上放一个小盒子，以便对眼睛部件进行锉削，并在它掉落时能够及时接住（步骤 23）。

在眼窝内涂抹胶水，将眼睛部件嵌入固定，静置等待胶水凝固（步骤 24）。待胶水完全凝固后，在眼睛中央为瞳孔钻孔，然后插入水牛角销钉制作瞳孔部件（步骤 25 和步骤 26），最后，将销钉锉削到预期的形状，完成眼睛的制作。

21. 画出龙的设计图，并将轮廓切割出来。

22. 凿切出眼窝，并在鲍鱼壳上画出眼睛的形状。

23. 修整眼睛部件，去除其与鲍鱼壳的大部分连接部分。

24. 将切好的鲍鱼壳眼睛镶嵌到眼窝内。

25. 在眼睛部件中央钻取瞳孔。

26. 将水牛角销钉插入瞳孔中，切断并修整到位。

雕刻隆起

对许多动物来说，其皮肤表面覆盖着大小不一的隆起。雕刻这些隆起是一个费时费力的过程，但当你看到成品是那么的与众不同时，就会觉得一切的付出都是值得的。

雕刻隆起

通常，有三种雕刻隆起的方法。第一种方法，全程使用小圆口凿雕刻；第二种方法，使用固定在多功能型电动工具上的圆头刀头进行雕刻；第三种方法，是日本独有的日式浮雕法，用于雕刻非常小的隆起。

我会在制作蟾蜍根付的过程中依次演示这三种方法。为了便于清楚地观察三种方法的差别，我会在蟾蜍的不同部位分别使用不同的方法进行雕刻。

圆口凿

首先在蟾蜍的身体表面画出隆起的轮廓线，轮廓线之间要留出空间，向下凿切掉约 1/32 英寸（0.8 毫米）的厚度作为基底（步骤 1）。用 1/16 英寸（1.5 毫米）的 7 号圆口凿围绕隆起进行雕刻，并将隆起之间的区域清理干净（步骤 2）。这样形成的隆起棱角过于分明，因此需要用圆形针锉或扁平针锉将隆起的顶部处理圆润（步骤 3）。至于基底部分，没有必要处理得非常平滑。

圆头刀头

这种方法与手工雕刻隆起的方法十分相似，因为圆头刀头与圆口凿的作用方式相同。这两种方法效果上的差异可以忽略不计，只是用圆头刀头雕刻更为快速和易于控制。

在蟾蜍背上画出隆起的轮廓线，

1. 在蟾蜍背上画出隆起的轮廓线。

2. 雕刻隆起，并清理它们之间的间隔区域。

3. 清理基底，并将隆起的顶部锉削圆润。

4. 在蟾蜍背上画出隆起的轮廓线。

5. 用圆头刀头雕刻隆起，并清理隆起之间的部分。

6. 清理基底，并将隆起的顶部棱角磨圆。

用固定在多功能型电动刀具上的 3/64 英寸（1 毫米）圆头刀头雕刻出隆起的外部轮廓（步骤 4 和步骤 5）。圆头刀头直径最大可以达到约 5/64 英寸（2 毫米），且仍然可以获得不错的雕刻效果。如果小心操作，可以用同样的刀头磨圆隆起上的棱角，并将每个隆起锉削或打磨到接近圆形或椭圆形的程度（步骤 6）。最后，一定要记得将基底区域清理干净。

日式浮雕法

这是一种传统的日本雕刻方法，经常用于同时创建多个隆起。为了展示雕刻过程，我选取了几个不同的部位，比如蟾蜍的双眼之间、靠近嘴巴的部位和下巴下方。

日式浮雕法中的浮雕工具末端是圆头的，并且很小（详见第 10~11 页）。在开始雕刻前，请确保雕刻区域表面是光滑的。用力将浮雕工具的圆头末端压入木料表面，在需要雕刻隆起的位置制造出一系列的小凹坑（步骤 7）。

向下切削凹坑周围的木料，一直切削到其与凹坑的底部平齐（步骤 8）。然后，用一把干净的刷子将热水刷涂在整个区域，凹坑处会自然鼓起形成所需的隆起。

随着水分的干燥，被压缩的木

料会因为吸水膨胀恢复至原有的高度，从而形成隆起，并使其保持在木料表面（步骤 9）。这种方法形成的隆起颗粒很小，很容易被磨掉，因此只能使用微网牌砂磨棒轻轻打磨（步骤 10）。

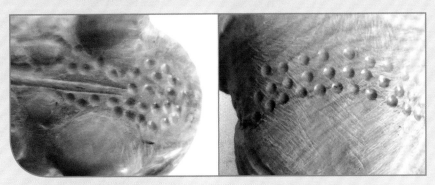

7. 将浮雕工具的圆头末端压入木料表面制造出一系列的小凹坑。

8. 切削凹坑的周围，使其与凹坑的底部平齐。

9. 在用热水浸湿之后，隆起部分会吸水膨胀恢复原有的高度。

10. 使用日式浮雕法完成隆起的制作，并用微网牌砂磨棒轻轻打磨。

"麻雀啄食"

这种技术已有数百年的使用历史，主要用于突出前景，削弱背景。对于较大的雕刻，需要使用锥钻或者尖钉在整个背景上敲打。用食指和大拇指握持工具，并用小拇指抵在木料表面，起到弹簧的作用。

因为锥钻"上下往复运动"的模式酷似麻雀啄食，这种技术因此而得名。在你掌握了这种技术之后，可以很快完成大面积的处理。

用锥钻围绕隆起的周围区域敲打，形成很多细小的凹坑。这样从视觉效果上看，隆起部分的高度似乎增加了。锥钻的横截面是方形还是圆形对实际处理效果的影响微乎其微，几乎可以忽略（步骤 11）。

然后，用抛光蜡对作品表面进行抛光。抛光后仍会有部分蜡保留在小孔中，这些蜡可以进一步增强隆起与基底的对比度（步骤 12）。（"麻雀啄食"的处理效果也可以使用电动工具来获得，详见第 16 页）。

11. 方形横截面和圆形横截面的锥钻。

12. 用方形横截面的锥钻完成作品一侧的"麻雀啄食"式印记。

雕刻毛发

掌握不同类型毛发的雕刻技术不仅需要投入大量时间，而且需要耐心和细心。通过练习，你可以使用精细的 V 形凿雕刻出或深或浅、或长或短的毛发线条。值得注意的是，木材的硬度也会影响最终的雕刻效果。

长发

用铅笔在一小块雕刻区域内画出毛发线条。想要一次性雕刻出完整长度的毛发线条几乎是不可能的。可以先用 1/16 英寸（1.5 毫米）的 V 形凿雕刻出部分毛发，然后将 V 形凿从切口中取出，再重新放回该切口末端，以寸进的方式延伸线条，直至完成剩余部分。

采用这样的方式，不仅可以雕刻出长线条，而且可以雕刻弧面。为了避免毛发看起来过于平直，缺少立体感，可以将相邻毛发之间的区域向下切削，并在必要时重新修剪一些毛发线条（步骤 1）。

1. 雄山羊具有长长的卷曲羊毛。

短发

雕刻短毛发只需使用 ¹/₁₆ 英寸（1.5 毫米）的 V 形凿以较短的笔画进行雕刻，短促的线条会产生所需的短毛发效果（步骤 2）。想要精准控制毛发的雕刻长度，并确保所有毛发的长度相同，需要勤加练习，所以在正式开始雕刻之前，应准备一块备用木板进行练习。

如果要雕刻短而卷曲的毛发，需要在极小的范围内不断改变雕刻方向。首先用铅笔画出卷毛线条，然后用 V 形凿沿画线雕刻出短小的曲线。接下来将凿子从切口处取出，更换工具，改变雕刻方向，沿着下一段画线继续雕刻。不断重复这个过程，直到完成全部毛发线条的雕刻。随着经验的积累和技术的提高，你就能够一气呵成地完成整条线条的雕刻（步骤 3）。

2. 大量短促的雕刻线条使作品看起来像是覆盖了一层短毛。

3. 骆驼的卷曲驼毛。

雕刻鳞片

制作动物身上的鳞片，比如鱼类和蛇类的鳞片，有三种不同的雕刻方法。这三种方法的差别非常明显，接下来我会一一为大家讲解。

圆口凿法

第一种方法是使用刃口与鳞片的大小和形状近似的圆口凿进行雕刻。将圆口凿的刃口直接压入作品表面，就可以标记出每片鳞片的轮廓。为了增强视觉效果，可以使用刃口倾斜一定角度的平口凿从每片鳞片的后面凿去一小块圆角形的木片，这样就可以雕刻出清晰、立体感强的鳞片（步骤1）。

V形凿法

第二种方法是先用V形凿雕刻出鳞片的形状（步骤2），然后用斜边平口凿从每片鳞片的后面凿去一小块圆角形木片。因为需要使用V

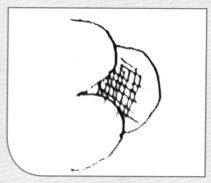

阴影区域是被切掉的木片

1. 用圆口凿法雕刻鲤鱼身上的鳞片。

形凿雕刻出曲率较大且短小的曲线，所以这种方法操作难度最大。

印象法

最后一种方法，不需要雕刻单个的鳞片，而是用 V 形凿沿整个身体雕刻曲线，曲线彼此成一定交叉角度，从而形成类似鳞片的整体视觉效果。下图中的戈壁鱼使用的就是这种雕刻方法（步骤 3）。因为很多鱼类和蛇类的鳞片非常细小，所以印象法会非常有帮助。

2. 用 V 形凿法雕刻蛇身上的鳞片。

3. 用印象法雕刻戈壁鱼身上的鳞片。

雕刻羽毛

雕刻羽毛所使用的方法与雕刻鳞片所使用的前两种方法类似，不过还需要添加一些细节，以使羽毛看起来更加真实，从而区别于鳞片。

操作练习

第一张图上猫头鹰的羽毛是用一把小号圆口凿雕刻而成的。此外，还使用了 1/16 英寸（1.5 毫米）的 V 形凿，用于雕刻羽毛边缘和中央羽轴上的倒钩线（步骤 1）。第二张图上，猫头鹰的羽毛是用 1/16 英寸（1.5 毫米）的 V 形凿雕刻出来的，并且只是简单地在每根羽毛上雕刻出两条接近平行的线条来代表羽轴（步骤 2）。第三张猫头鹰图只是展示了在羽毛上雕刻羽轴的效果（步骤 3）。

1. 羽毛边缘加入了装饰线条。

2. 简化的羽毛雕刻手法，只在羽毛中央
雕刻出了羽轴。

3. 完成羽毛雕刻的猫头鹰。

不同鸟类羽毛的雕刻示例。

雕刻贝壳

需要在蜗牛的外壳和身体上雕刻出大量的纹理线条，才能使它们看起来逼真。最终的作品效果会告诉你，投入时间学习这项技术是非常值得的。不过还要注意，蜗牛的身体和外壳的雕刻过程是截然不同的。接下来我会详细介绍。

纹理设计

要在蜗牛壳表面雕刻出纹理，可以先用V形凿在圆壳区域雕刻出长线条。雕刻的难易程度受到材料硬度的影响。以木材为例，如果木材质地过软，切口侧面相对薄弱，容易碎裂；如果木材质地过硬，雕刻很容易偏离画线，并且切口会很浅。黄杨木、梨木、冬青木和苹果木都是雕刻贝壳的上好材料。

操作练习

首先，在贝壳表面画出纹理的线条（步骤1）。使用1/16英寸（1.5毫米）的V形凿沿画线进行短笔画的雕刻，直到必须拿开V形凿（步骤2）。然后，旋转贝壳，将V形凿放回末端切口处，沿画线继续雕刻。

重复上述过程，直到完成全长线条的雕刻。现在，难点来了，你要沿着初始的雕刻线条近距离地雕刻另一条长线条，并且不能破坏先前雕刻好的线条。万一这种情况发生，只需沿同一条已经雕刻好的线条起始新的雕刻，并最终使这条线回到两条雕刻线交汇的位置（步骤3）。在全部线条的雕刻完成后，这样的小瑕疵是不太可能被注意到的。

1. 用铅笔在靠近嘴巴的贝壳上画线。

2. 雕刻最初的一些线条。

3. 继续雕刻其他线条。

4. 雕刻蜗牛触角之间的区域。

在不能使用 V 形凿雕刻的区域，比如蜗牛的两个触角之间，可以用一把 1/16 英寸（1.5 毫米）的 1 号直边平口凿切入表面，并沿每侧 V 形凿留下的线条进行雕刻（步骤 4）。

蜗牛的身体凹凸不平，在雕刻时，可以通过先雕刻出沿身体走向的长线条，再雕刻横向于长线条之间的短线条来获得这种效果。所有线条都要遵循身体的自然弯曲或扭曲趋势绘制（步骤 5）。

先用 1/16 英寸（1.5 毫米）的 V 形凿雕刻出躯体上的长线条（步骤 6），蜗牛的头部和身体底部除外。

接下来用 V 形凿雕刻出垂直于长线条的短线条（步骤 7）。短线条横跨两条长线条之间的区域（步骤 8 和步骤 9）。

在横向雕刻短线条时比较容易出现碎木屑，尤其是在木材纹理较为粗大的时候，因此，建议选用黄杨木或冬青木这样纹理较为致密的木材。

5. 在蜗牛身体表面画出长线条。

6. 用 V 形凿沿画线雕刻出长线条。

7. 在长线条之间雕刻出与其垂直的短线条。

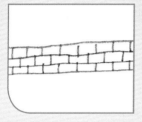

8. 长线条和短线条的设计草图。

9. 蜗牛身体表面各部位的线条。

粉红象牙木雕刻的蜗牛。

象牙果雕刻的蜗牛。

镶嵌

有各种各样的材料可以用来制作根付的眼睛，以及镶嵌在其他部位以增强作品的表现力。在我雕刻的根付作品中，有 5 件在除眼睛外的部位使用了镶嵌工艺。我会向大家详细讲解，如何雕刻这样的作品，以及如何使用各种材料进行镶嵌。

蓝龙

我的第一件使用镶嵌工艺的根付作品是这条蓝龙，使用的镶嵌材料是鲍鱼壳，这是一种可以捕捉光线的蓝绿色薄壳。

如下图所示，当根付表面是曲面的时候，需要化整为零，先将鲍

一块鲍鱼壳。

用鲍鱼壳镶嵌的蓝龙。

蓝龙的侧视图。

鱼壳切割成彼此互锁的小片，然后再依次拼接。

首先，在根付表面凿切出一个用于容纳鲍鱼壳的凹槽，然后用固定在多功能型电动工具上的精细刀头分割鲍鱼壳，得到宽度合适的小片。将切割好的每个小片嵌入凹槽中，注意保证互锁的小片彼此相连。检查小片的贴合度，没有问题后，从凹槽的一端到另一端，用胶水依次固定每一个小片。如果你想换种风格，可以试试使用木皮或珍珠母贝进行镶嵌。

用东非黑黄檀木进行镶嵌的两只争斗的獾崽

獾崽

第二件使用了镶嵌工艺的根付作品是两只争斗的獾崽。我用东非黑黄檀木镶嵌在椴木制成的身体中，制作出獾崽黑白相间的面孔。

首先，用铅笔画出獾崽面部的轮廓线。由于面部是一个曲面，因此需要制作一个较深的凹槽，以嵌入东非黑黄檀木。在每个凹槽处嵌入黑黄檀木条，并根据需要进行适当的修整，直到东非黑黄檀木条与凹槽完全贴合。用胶水依次将每条东非黑黄檀木条固定。然后根据面部轮廓对镶嵌木条进行塑形，并保持耳朵竖起。

獾崽的侧视图

接下来，钻透东非黑黄檀木条，钻出代表白色眼圈的孔。将白色椴木销钉插入钻孔中，制成白色眼圈。具体操作参考之前制作和镶嵌眼睛的讲解（详见第34~37页）。然后在白色眼圈部件上继续钻孔，钻出眼眶，插入水牛角销钉，制成獾崽的眼睛，最后将水牛角眼睛的顶部磨圆并抛光。为了制作耳朵上的白色部分，应先钻取所需形状和大小的孔，然后将白色椴木销钉处理成与之匹配的形状插入孔中。要完成整个面部的塑形，还需要用水牛角为每个獴崽制作一个小鼻子。鼻子会闪闪发光，使作品显得更为逼真，就好像一个真正的湿鼻子那样。

乌龟

第三件乌龟作品是用黄杨木制作主体，用毒豆木作为镶嵌物制作的，很好地展现了龟壳不同部分的特点。根据不同部分的形状，在龟壳上凿切出相应的凹槽，再为每个凹槽量身定制不同形状的销钉。这个过程与制作眼睛的过程在本质上是相同的（详见第34~37页）。

蓝环章鱼

第四件镶嵌工艺的示例作品是用黄杨木雕刻的蓝环章鱼。在这里，我从半成品开始讲解，主要是为了展示镶嵌的过程（步骤1）。将一根内嵌黑色层的蓝色树脂棒打磨成顶部略呈穹顶形的销钉，以产生蓝黑相间的环形效果（步骤2）。

镶嵌销钉是制作的难点，因为销钉里的黑色层是沿销钉长度方向延伸的，所以传统的销钉法并不适用。最好的办法是横向于树脂棒的纹理方向，将其切割成圆片形嵌入件，如图所示（步骤3）。在章鱼表面为嵌入件钻孔（步骤4），然后按照孔的形状将嵌入件切割到所需形状和大小。从树脂棒上切下圆片，并用胶水固定在孔内，最后将圆片整形到位并抛光（步骤5和步骤6）。

通过镶嵌表示龟壳的不同部分

1. 半成品的蓝环章鱼。

2. 蓝色树脂棒，内嵌黑色层。

3. 树脂棒侧视图，用来展示嵌入部分的形状。

4. 为嵌入件钻孔。

5. 用胶水将嵌入件固定在孔中。

6. 为嵌入件整形并抛光。

蓝环章鱼的成品图。

鸳鸯

第五件使用镶嵌工艺的根付作品是鸳鸯，具体做法请阅读第118~131页内容。我在这里不再赘述它的雕刻过程，只展示完成镶嵌后的成品图，在图上，镶嵌的部分清晰可见。

使用了镶嵌工艺的鸳鸯。

其他雕刻材料

我的大多数根付作品都是用木材雕刻的，因为木材颜色丰富且易于雕刻。当然，可以用来雕刻根付的材料还有很多，尤其是象牙和象牙果（植物象牙），非常适合雕刻根付。

象牙雕刻

到目前为止，我只完成过三件象牙根付作品，所以在这方面的经验是有限的。在这三件作品中，我使用的是现代雕刻技术，而非早期的雕刻师使用的传统技术。我首先使用固定在多功能型电动工具上的刀头完成了基本的去料操作，因为它更高效，可以轻松切割出根付的坯料大样。然后再用锉刀、刮刀和砂纸将根付表面处理光滑。

用小号 V 形凿来雕刻特征性的线条，比如老虎身上的条纹和虎毛（步骤 1）。如果你发现这些切口太宽，可以使用钢针代替。这件老虎作品是我首次使用象牙材料进行雕

刻的成果，也是我雕刻生涯的第五件根付作品。那时我还处于快速学习的阶段。如果现在让我再次雕刻，我一定可以把条纹和虎毛雕刻得更加精细。

象牙果雕刻

虽然象牙果质地坚硬，但还是可以用雕刻工具或固定在多功能型电动工具上的刀头进行雕刻的。这种近似球形的坚果大小不一，长度在 1~2 英寸（25~51 毫米），通常包裹有一层棕色的外壳（步骤 2）。

象牙果的外壳可以用刮刀刮掉，或者用刀头去除，后者无疑要快得多。去除外壳后，可以在象牙果的

一端发现一个小孔，这是其在生长过程中天然形成的（步骤3）。在确定根付主题和设计方案时，要把这个小孔考虑在内，以免影响作品的整体造型。

操作练习

在这里，我展示了用象牙果雕刻鹈鹕的过程。首先，用铅笔或黑色钢笔在去壳的象牙果表面画出鹈鹕的设计草图（步骤4）。因为笔迹很容易被擦掉，所以需要一边雕刻一边补画线条。用木工台钳夹紧象牙果，然后用弓锯分步切割出鹈鹕的侧面轮廓。用1/4英寸（6毫米）和1/8英寸（3毫米）刀头粗修鹈鹕的轮廓（步骤5），继续塑形，直到获得满意的形状（步骤6）。

粗略画出下喙与喉囊交界处的线条，并确定喉囊的下边缘（步骤7）。用1/8英寸（3毫米）刀头底切喉囊的底部，然后轻轻凿切出下喙的底部边缘（步骤8）。

接下来，用1/8英寸（3毫米）刀头将下喙的线条切深一些，并轻轻凿切上下喙之间的连接处（步骤9）。用1/16英寸（1.5毫米）的V形凿为喉囊塑形，并凿切上下喙的线条，使其更加清晰，然后用同一

1. 象牙雕刻的传统老虎。

2. 未经加工的象牙果。

3. 去除象牙果的外壳，露出位于一端的小孔。

鹈鹕的设计草图。

4. 在象牙果的一侧表面画出鹈鹕的侧面轮廓线。

5. 切割出鹈鹕的侧面轮廓并进行粗修。

把 V 形凿雕刻出上喙顶部的两条线（步骤 10）。鹈鹕现在看起来个性十足，喉囊仿佛装满了鱼（步骤 11）。

现在，确定眼睛的位置并为其画线，同时画出眼睛周围区域的线条，比如上下喙的边缘以及喉囊与头部交界的边缘（步骤 12）。

用 3/64 英寸（1 毫米）的圆头刀头钻出眼窝，然后将制作好的水牛角销钉插入其中（详见第 34~37 页）。接下来切断销钉，用锉刀将眼睛顶部锉削圆润，最后用微网牌砂磨棒抛光（步骤 13）。

接下来，在象牙果上画出翅膀末端和尾巴的线条（步骤 14），并用 1/8 英寸（3 毫米）的刀头将线条雕刻出来，然后在鹈鹕脑后雕刻出一簇羽毛（步骤 15 和步骤 16）。这个雕刻过程需要足够的耐心，因为即使使用最锋利的圆口凿或平口凿，每次能够切下的木屑也是很薄、很小的。不要气馁，整个塑形过程虽然缓慢，但最终一定能够收获完美的造型。

6. 粗修后的鹈鹕身体要比最终的成品尺寸略大。

7. 画出喉囊底部的线条。

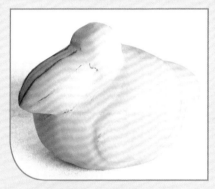

8. 底切喉囊底部，并凿切出下喙的底部边缘。

9. 将下喙的线条切深一些，并轻轻凿切上下喙的连接处。

10. 加深鸟喙线条，修整喉囊，雕刻出上喙顶部的两条线。

11. 鹈鹕的侧视图，喉囊好像装满鱼的样子。

12. 画出眼睛及其周边的线条。

13. 嵌入水牛角眼睛，并进行打磨。

14. 画出尾巴和翅膀末端的线条。

15. 对尾巴和翅膀后侧进行塑形。

16. 雕刻出脑后的羽毛。

在象牙果底部画出双脚的设计图，然后用 1/8 英寸（3 毫米）的方形刀头雕刻出双脚线条。我用 1/16 英寸（1.5 毫米）的 1 号直边平口凿凿切掉了双脚之间的区域，并用 1/16 英寸（1.5 毫米）的 V 形凿雕刻出脚蹼的细节（步骤 17 和步骤 18）。上墨后，双脚的线条会变得更加清晰。

至此，鹈鹕的雕刻过程基本完成，剩下的工作就是对作品进行打磨和抛光，以及钻出绳孔（步骤 19）（详见第 75~76 页）。

上墨之后，羽毛线条也会显得更加清晰（详见第 64 页）。

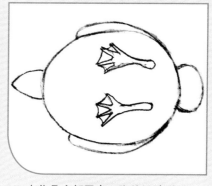

17. 在作品底部画出双脚的设计图。

18. 雕刻出双脚。

19. 雕刻过程基本完成。

上色

通过为特定细节上色（比如给象牙材质的毛发上色），许多根付作品会变得更加精巧动人。在很多时候，使用一种或多种颜色为作品上色，可以使作品看起来更加生动逼真，栩栩如生。

上墨

为象牙或象牙果作品的特征性部位上墨，可以使其与白色背景形成鲜明对比，变得更为突出。上墨后，整件作品也会栩栩如生，变得更有立体感。我常用这种技术来突出蟾蜍的隆起、老虎的毛皮和野猪的长毛。墨汁的种类繁多，颜色丰富，并且可即买即用，无须任何准备。

上墨的过程很简单，先用老式蘸墨笔将墨汁涂抹在凹陷处，待墨汁晾干，用刮刀刮削，或用精细砂纸打磨作品，以获得干净的表面，同时将墨汁限制在凹陷处。也可以使用细线笔搭配细笔尖和防水防褪色的墨汁为每个凹陷处上墨。在清洁和抛光表面之前，一定要逐次把凹陷处再涂抹一遍，同时检查是否存在需要完善的地方。我成功地使用这种方法为象牙果鹈鹕的特征部位进行了上墨处理（步骤1）。

1.对象牙果鹈鹕的特征部位上墨，使其更为突出。

染色

织物染料的颜色五彩缤纷。我喜欢使用迪伦（Dylon）牌的织物染料，它呈粉末状，存储在一种不可重新密封的容器中（步骤2）。容器上的数字对应的是迪伦比色表中的染料颜色。因为每件根付使用的染料很少，剩余的染料可以存放在一些小容器中，留待以后使用。

根付染色的主要目的是通过表面着色突出细节。用彩色染料对整件作品进行染色，然后用砂纸打磨掉作品表面高点的染料，增加其与背景之间的对比度。例如，下图中这只染色后的睡鼠根付，凹陷处的线条颜色明显加深（步骤3）。

染色的另一个目的是展现特定的特征，使作品看起来更为逼真。

比如黑白相间的熊猫根付，如果没有染色，根本不可能那样逼真。

根付的染色很简单。取少量染料粉末放入合适的容器中，添加少量热水并搅拌均匀。先在与根付相同的材料上测试颜色，如果颜色偏浅，需要加入更多染料进行搅拌，直至调出所需的颜色（步骤4）。

先把待染色的作品在热水中至少浸泡10分钟。然后用一把干净

2. 织物染料有多种颜色可供选择。

3. 染色后，凹陷处线条的颜色加深。

4. 在水中加入染料粉末，搅拌均匀并测试颜色。

的刷子在作品表面刷涂染料。之后将作品静置晾干，并根据染色情况来判断，是否需要刷涂第二层染料。最后，用砂纸或刮刀处理作品表面的高点，得到想要的颜色对比度。

操作练习

在此，我用蟾蜍向你展示染色的过程。蟾蜍的隆起已全部雕刻完成（步骤5），并且蟾蜍已经从整块木料中分离出来。在正式染色前，可以使用剩余木料进行颜色测试。

将根付浸没在热水中以润湿表面（步骤6）。然后在根付表面刷涂第一层染料，待其晾干后，判断是否需要第二次刷涂（步骤7）。之后用砂纸打磨根付表面的高点（步骤8），形成高点与低点之间鲜明的颜色对比。

5. 完成雕刻的蟾蜍，等待染色。

6. 用热水将蟾蜍表面浸湿，进行第一层染色后将其晾干。

7. 第一层染料已经晾干，我决定再刷涂一层染料。

8. 第二层染料晾干后，用微网牌砂磨棒打磨高点。

遮蔽区域

如果你决定为选定区域染色，务必保证作品的表面是干燥的，并在不需要染色的区域涂抹水彩画画家专用的遮蔽液（步骤9）。然后在选定区域涂抹染料或蜡。在这个示例中，我为蜗牛的身体涂抹遮蔽液，同时为蜗牛壳染色，然后涂抹彩色软蜡为蜗牛的身体上色。

我在花园里发现了一只蜗牛，并将它带回工作室进行摆拍（步骤11）。它很害羞，总是低着头，所以看不到正脸，但它的外壳很漂亮，给我提供了染色的灵感。

在蜗牛身体与外壳的交汇处涂抹遮蔽液（步骤12），尽量多涂抹一些，这样在给蜗牛壳染色时，可以避免染料流到身体上。然后，如前文介绍的那样，将咖啡色染料与水混合并搅拌均匀。多加入一些染料粉末，以便调出较深的颜色。为整个蜗牛壳染色，然后静置晾干（步骤13）。

9.涂抹遮蔽液可以保护不需要染色的区域。

10.蜗牛雕刻完成，等待染色。

11.真实的蜗牛照片。

12.在蜗牛身体与外壳的交汇处涂抹遮蔽液。

13.将蜗牛壳染成咖啡色。

14. 刷涂第二层染料，并对一些高点处进行打磨。

15. 用墨汁在蜗牛外壳上绘制一些深色的标记。

16. 将遮蔽层剥掉。

为了呈现蜗牛壳上的斑点，可以随机涂抹第二层染料。在染料干燥后，对一些高点进行打磨，使整个外壳的颜色对比效果更为明显（步骤14）。使用尖头黑色墨水笔在外壳上绘制一些深色的标记（步骤15）。待标记干燥后，将之前涂抹的遮蔽层剥去，露出蜗牛的身体（步骤16）。

上蜡

软蜡

下一阶段是用软蜡为蜗牛身体上色，这也是为根付上色的另一种方法。利波伦（Liberon）牌软蜡有多种颜色，易于刷涂和抛光，可使作品表面的高点更为光亮。在"麻雀啄食"区域的背景部分，比如蟾蜍背上的隆起之间的区域，蜡会保留在凹陷处，使其颜色变得更深，从而增加了隆起与背景的对比效果。

在给蜗牛身体抛光时，我会选择利波伦牌仿古松蜡。初次涂抹这种蜡时，会觉得它颜色过深，但是在为蜗牛身体抛光后，看起来只是使其木色略加深了一些（步骤17）。在蜗牛身体的所有凹陷处涂抹这种蜡，然后静置30分钟（步骤18）。

30分钟后，用干净的软布擦拭打蜡的地方进行抛光（步骤19），之后你会发现，有些蜡残留在了凹陷处，使其呈现出比高点处更深的颜色。

硬蜡

硬蜡内嵌是另一种给根付局部区域上色的方法。这种蜡通常是棒状的（步骤20）。通过摩擦填充到U形或V形的切口中，将硬蜡棒在作品表面摩擦，摩擦产生的热量足以使硬蜡熔化，进而填充到凹槽内。摩擦停止后，硬蜡会再次硬化。

用砂纸打磨或用刮刀刮除多余

的硬蜡，使填充在凹槽中的硬蜡与作品表面齐平，并与材料颜色形成鲜明对比。

我曾用这种方法塑造了乌贼作品身体上的黑色斑纹，以及两只争斗的獾崽身体上的灰色皮毛，以尽可能地接近它们的本色（步骤 21 和步骤 22）。

17. 可以涂抹仿古松蜡。

18. 在蜗牛身体的所有凹陷处涂抹蜡。

19. 抛光后的根付。

20. 硬蜡棒。

21. 将黑色硬蜡擦入乌贼的身体凹槽中。

22. 将灰色硬蜡擦入獾崽的毛发凹槽中。

上漆

　　为根付上漆的过程与染色的过程稍有区别。染料是透明的，染色后木材的纹理仍清晰可见，而油漆则会完全掩盖木材的纹理。许多日本根付上漆是为了展示特定的元素，比如舞者的裙子或武士的长袍等。丙烯酸涂料最适合处理根付。

镀金

　　完成小面积的镀金，我更喜欢使用可以喷涂的镀金清漆，而不是使用金箔，因为在狭窄的小区域内，通过贴金箔的方式完成镀金是非常困难的。镀金清漆包含多种色调。在下面的图中，顶部的两条鱼是用产自特里亚农（Trianon）的利波伦牌镀金清漆完成镀金的，底部的那条鱼是用产自凡尔赛（Versailles）的镀金清漆处理的（步骤 23 和步骤 24）。这个例子可以让你对镀金色调有一些直观的了解。

漂白

　　在漂白作品时，我更喜欢使用双组分的漂白剂，比如拉斯廷（Rustins）牌漂白剂（步骤 25）。这种木材漂白剂分为 A、B 两种成分，分别装在两个瓶子中，只能用于处理裸露的木料。如果使用方法正确，可以使木材的颜色变得很浅。

　　用刷子将 A 溶液刷涂在干净、干燥的木材表面，静置 10~20 分钟，然后将 B 溶液刷涂在木材表面，静置 3~4 小时（可能需要更久）。如果木材原有的颜色很深，或者木材曾经做过深度染色，可以在两种溶

23. 上方两条鱼涂抹的是产自特里亚农的镀金清漆，下方那条鱼涂抹的是产自凡尔赛的镀金清漆。

24. 涂抹镀金清漆。

25. 双组分漂白剂的两瓶溶液。

液完成涂抹的 2 小时后，重复上述操作过程。在漂白过程中，木材表面可能会形成一层沉积物，应及时用湿抹布或硬毛刷将其擦掉。然后，

用 1 品脱（568 毫升）白水和 1 勺白醋配制的混合溶液清洗木材，并静置晾干。

收尾

根付雕刻已接近尾声，收尾阶段的精修和抛光对成品的最终呈现效果起着至关重要的作用。所以在抛光前，应尽可能地多花一些时间反复检查根付，将作品表面清理干净，并打磨到位。

精修

精修需要对根付进行整体审视，底部也不能放过，以检查作品是否存在需要改善或整理的地方，比如磨圆隆起顶部的棱角或者对羽毛的轮廓进行更细致的雕琢。如果染料遮盖了本该显露的位置，就用刮刀将其刮掉。经过这些细微的修整后，用微网牌砂磨棒对根付进行整体打磨。大多数情况下，只需使用最精细的两级砂纸进行打磨，就可以获得光滑、光亮的表面。

制作签名

我建议你在自己的每件作品上都加上你的签名。你在根付的设计、规划和制作上花费了很多宝贵的时间，你应该为此获得赞誉。购买我作品的顾客总是希望看到我的签名。幸运的是，我的姓名不长，不会占用太多空间，因此制作起来并不麻烦。如果你的名字很长，那你至少要把姓名的首字母做出来，或者其他可以表明你是制作者的身份标识。

有三种方式来制作签名。第一种，用烙画笔将名字烙印在根付表面（步骤1）。不过，由于木材的纹理分布不均，导致烙印的笔画存在粗细差别，某些区域明显比其他区域的烙印效果更好。对于水牛角或象牙这些无法进行烙印的材料，可以使用第二种方法，将你的名字雕

1. 使用烙画笔，将名字烙印在黄杨木章鱼的表面。

2. 将名字雕刻在象牙蟾蜍底部的椭圆形区域内，然后对名字进行上墨处理。

3. 用墨水笔在矩形区域签名。

刻在根付表面（步骤 2）。

第三种方法是使用墨水笔将名字写在根付表面，最好墨水痕迹能够永久留存（步骤 3）。

日本根付雕刻师经常在装饰框或预留区（形状一般为矩形或椭圆形）内制作他们的签名，给签名增添了几分个性。

如果你觉得在装饰框或预留区内制作签名会破坏根付的整体艺术效果，可以不设置这样的区域，并在不会影响作品最终呈现效果的合适位置制作签名。

如果空间足够，还可以添加制作日期，这样，人们就能清楚地知道该作品的雕刻时间。很多老根付经常遇到的一个问题就是制作年代过于久远，即使它们的造型依然没有过时。

抛光

根付制作的最后一个步骤是抛光。我经常使用的是透明抛光蜡，比如利波伦牌透明抛光蜡、文艺复兴（Renaissance）牌抛光蜡或者中性鞋油（步骤 4）。

文艺复兴牌抛光蜡是用精炼蜡混合配制的，这种配方是大英博物馆和国际修复专家专门用来修复和保养名贵家具、皮具、绘画、金属、大理石和象牙制品的。这种透明抛光蜡色彩清新自然，能够赋予作品柔和的色泽。

　　用一把小刷子将透明蜡涂抹在根付表面，并静置 15 分钟左右。然后开始抛光操作。先用干净的刷子把凹陷处的残蜡刷掉，再用干净的布进一步擦拭。持续抛光，直至获得满意的表面光泽。一周或更长时间之后再次抛光，根付的整体色泽会变得更好。

4. 这是我常用的三种透明蜡。

钻绳孔

传统根付通常有两个绳孔，以便绳子穿入。有些根付材料具有天然的开口，有些根付材料则需要人工钻取绳孔。两个绳孔彼此靠近，并且内部连通，这样方便将绳子一次性穿过两个孔。

仔细选择钻孔的位置，以免破坏根付的整体外观。通常会在不太显眼的位置开孔，比如根付底部。

操作练习

用固定在多功能型电动工具上的圆头刀头垂直于作品表面钻取两个相同的绳孔，孔径为 $1/8 \sim 5/32$ 英寸（3~4毫米），深度为 $1/4 \sim 5/16$ 英寸（6~8毫米），同时确保两个绳孔的中心间隔约 $5/16$ 英寸（8毫米）。如果需要增大绳孔的直径，以便于穿入较粗的绳子，则需要同步增加钻孔深度及两孔间的距离。

随着工具的运转，小心地将圆

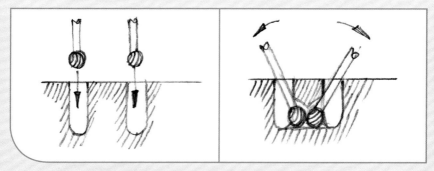

这个草图展示了如何钻取两个小孔，并使其连通在一起。

头刀头钻入材料中。待圆头刀头完全进入孔内，将圆头刀头上提，并向另一个孔的方向倾斜。在钻取第二个孔时重复同样的动作，直至其与第一个孔连通。

在正式钻孔之前，应先在备用木料上多做一些练习，直到你有信心完成操作。

在章鱼和鹦鹉螺底部钻取绳孔。

3. 雕刻过程

雕刻前的准备

雕刻根付的首要理念是，成品效果与雕刻快慢无关，你的目标是努力获得最好的作品。因此，雕刻过程需要极大的耐心。如果遇到了某个特定的问题使你感觉无从下手，可以先暂停雕刻，将问题暂时搁置。这个过程可能只需一会儿，也可能需要几天，甚至更长时间。我总是同时进行多件根付作品的雕刻，这样即使一件作品遇到了问题，我可以将问题暂时搁置，然后在雕刻另一个作品的同时，思考问题的解决方案。

根付最初是设计用来与服饰搭配佩戴的，通常被佩戴在腰间，卡在腰带的上方，经常与衣服摩擦，因此，表面任何突出的部分都容易造成根付断裂，尤其是那些纹理走向与作品自身曲线的走势不太一致的木制根付部分。因此，根付需要经常处理。一件好的根付作品攥在手里时应该手感舒适，不会硌手。许多现代根付雕刻师都忘记了这一点，虽然他们的作品在设计和工艺上都很讲究，但多少有些华而不实。你在雕刻自己的作品时，一定要考虑材料（特别是木材）的纹理方向，以充分利用材料的强度，获得良好的使用体验。

选择材料

本书重点选取的是木材，因为它容易获取和雕刻，所以对初学者来说，是最理想的选择。

我挑选了 3 种特性迥异的木材来讲解雕刻过程。椴木容易获取和雕刻；黄杨木质地坚硬，雕刻难度较大，但因为自身生长较为缓慢，纹理细密，能够很好地展现细节；樱桃木相当容易雕刻和获取，并且颜色层次丰富。当你使用木材完成了几件作品的雕刻后，就可以尝试其他更具挑战性的材料了。

固定木料

第一个挑战就是在雕刻过程中如何固定木料。因为根付的尺寸很小，且需要对包括底部在内的所有位置进行雕刻，所以必须找到一种固定木料的方法，方便全方位旋转木料进行雕刻。最终，我找到了背靠背同时雕刻两件根付的方法，这样可以先握住木料一端，雕刻另一端。当完成其中一个雕刻后，就可以调转方向，握住成品一端，雕刻另一件作品。我在雕刻根付时，习惯将其握在手中，你可能更喜欢将其固定在台钳上进行雕刻。如果用台钳固定的话，可以在根付一端留出一块方形木料，用作夹持之用。当然，你也可以像下图所示的那样，中间预留木料用于固定，两侧分别

雕刻不同造型的根付。

选择题材

下一步是决定你要雕刻的题材。希望本书中的示例作品可以帮助你选择主题，但我还是建议你选择一个简单的主题开始。接下来要选择适合该主题的木材类型，并充分考虑木材的颜色和可加工性（获得所需的形状和表面纹理的能力）。有一些种类的木材适合做出光滑的表面，另一些木材则更适合细节雕刻。

在随后的范例中，我会选择3种不同的木材，分别雕刻两件根付作品，带你了解整个雕刻过程。

我会用椴木雕刻仙鹤和睡觉的野猪（它们都是日本传统的根付设计题材），用黄杨木雕刻野兔和潜水蛙，用樱桃木雕刻鸳鸯和蝙蝠。在这些示例中，3块木料的纹理都是沿木料的长度方向，从一端延伸到另一端的。

黄杨木木料中间用来夹持，两端分别是猫头鹰和章鱼。

黄杨木雕刻的蓝环章鱼，半成品图。

绘制侧视图

首先在纸上按比例详细绘制每件作品的侧视图。

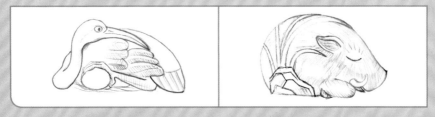

椴木块的两端分别是仙鹤和睡觉的野猪。

黄杨木块的两端分别是野兔和潜水蛙。

樱桃木块的两端分别是鸳鸯和蝙蝠。

复印图纸，然后将复写纸放在木块上，将图纸放在复写纸上，用铅笔沿根付的轮廓线勾勒。一定要确保在绘制的过程中，纸张没有移动。勾勒完成后取下复写纸，你会在木块表面看到根付的轮廓。用铅笔或尖头墨水笔加深轮廓线，以便你在雕刻时能够清晰地看到线条。或者，可以用胶水将复印的图纸直接粘贴在木块上，然后根据图纸上的线条进行雕刻。

下页的照片展示的是在木块上绘制的根付轮廓，可以准备进行切割了。

在椴木表面绘制仙鹤和野猪的侧视图。

切割出侧面轮廓的仙鹤和野猪。

在黄杨木表面绘制野兔和潜水蛙的侧视图。

切割出侧面轮廓的野兔和潜水蛙。

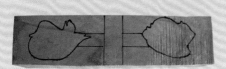

在樱桃木表面绘制鸳鸯和蝙蝠的侧视图。

切割出侧面轮廓的鸳鸯和蝙蝠。

切割

接下来根据绘制的轮廓切割出根付的形状。使用带锯、线锯或弓锯锯切出作品的侧面轮廓，并在末端留出连接中央部分的木料，如上图所示。如果某件作品的形状过于复杂，可以在切割时多保留一些木料（也就是切割位置要比实际的轮廓线更靠外一些），以便后续通过雕刻得到所需的形状。经验法则是，宁可多保留一些木料，也不要切入轮廓线内。

上图右侧的 3 张照片展示的是切割出侧面轮廓的木块。

绘制俯视图

绘制出根付的俯视图。我已经将 6 件根付的俯视图绘制好了（详见第 84 页）。

将俯视图的轮廓转移到已经完成部分切割的木块上，然后继续雕刻根付的轮廓。因为此时的木料表面凹凸不平，像绘制侧视图那样利用复写纸将俯视图转移到木块上是不可行的，只能在木块上用铅笔徒手绘制轮廓。或者，用遮蔽胶带将已经锯切掉的废木料重新粘在原来的位置，重塑平整的表面，然后再用复写纸绘制俯视图。

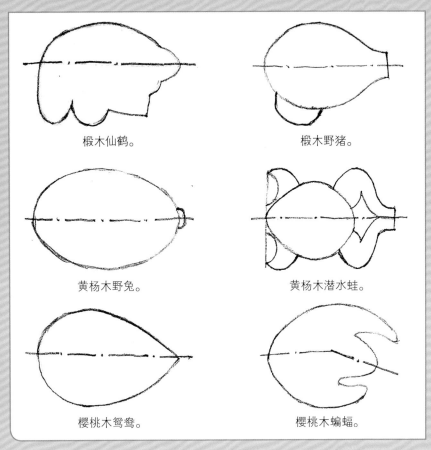

椴木仙鹤。

椴木野猪。

黄杨木野兔。

黄杨木潜水蛙。

樱桃木鸳鸯。

樱桃木蝙蝠。

6 件根付的俯视图。

对于每件作品，应在木块表面画出俯视图的中心线（因为蝙蝠的头是偏向一侧的，所以需要画出身体和头部的两条中心线）。在绘制俯视图的过程中，要反复检查作品的整体宽度。当你对最终的绘制感到满意时，可以用墨水笔或铅笔加深俯视图，以确保俯视图的清晰度。

下一页照片展示了绘制出俯视图并准备进行切割的根付木料。除了青蛙，其他的俯视图都是手工绘制的。因为在俯视角度，青蛙的轮廓线很难分辨，所以我将其翻转，选择绘制其底视图。

切割

用带锯沿俯视图的线条切割，

在椴木上画出仙鹤和野猪的俯视图。

完成俯视和侧视两个角度切割的坯料。

在黄杨木上画出野兔的俯视图和潜水蛙的底视图。

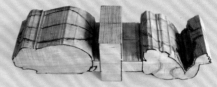

黄杨木的野兔和潜水蛙，已经准备好，可以开始雕刻了。

在樱桃木上画出鸳鸯和蝙蝠的俯视图。

樱桃木上的鸳鸯和蝙蝠轮廓，此时看起来还不是很明显。

必要时可以多保留一些木料。在手握小型作品进行切割时，一定要十分小心，因为你的手会非常靠近锯片。始终保持手放在锯片的背面或侧面，并从锯片的后面拉动木料，而不是从其前面推动木料。

塑形端面雕刻

上图中的根付造型仍然与我们想象中的作品形象相差甚远，那是因为我们还没有完成作品的端面雕刻。这是最棘手的部分，你需要仔细修整每件作品，结合其主要特征雕刻细节线条，并改善整体造型。

根付作品

从现在开始，我会逐一讲解每件根付作品的完整雕刻过程，包括后期处理，至于具体的雕刻技术和后期处理，比如眼睛的制作、隆起的雕刻以及上色等技术，请参阅技术部分的讲解，后续不再赘述。

仙鹤

仙鹤是备受日本人喜爱的鸟。这一题材也被广泛应用于多种传统艺术形式中，比如绘画、瓷器、印笼等，当然还有根付。在根付雕刻中，最常见的造型是母鹤抱蛋，就如下图所示的那样，用爪子将珍贵的蛋抱在怀中。

主要材料

- 可以同时制作两件根付作品的椴木块，尺寸为6英寸×1⅛英寸×1⅛英寸（152毫米×35毫米×35毫米）
- 仿象牙、冬青木、象牙果或者象牙，用于制作眼睛所需的销钉
- 水牛角、乌木或者东非黑黄檀木，用于制作瞳孔

主要工具

圆口凿和平口凿
- ³/₁₆英寸（5毫米）的5号圆口凿
- ¼英寸（6毫米）的7号圆口凿
- ⁵/₃₂英寸（4毫米）的9号圆口凿
- ⅛英寸（3毫米）的10号圆口凿
- ¹/₁₆英寸（1.5毫米）的V形凿
- ¹/₁₆英寸（1.5毫米）的1号直边平口凿

刀头：
- 与多功能型电动工具配套的³/₆₄英寸（1毫米）和¹/₃₂英寸（0.5毫米）的圆头刀头

锉刀
- 中等粗糙度的锉刀
- 针锉

起始步骤

雕刻是从处理稍偏向一侧的鹤蛋开始的。在木料上画出蛋的侧面。紧邻蛋和爪子的上方区域是多余的，用交叉线进行标记（步骤 1），然后用 3/16 英寸（5 毫米）的 5 号圆口凿（我最常使用的雕刻凿）去除该区域的废木料（步骤 2）。

1. 在鹤蛋上方区域画出交叉线，指示待清除的区域。

2. 清除鹤蛋上方交叉线区域的废木料。

其他材料和工具

打磨工具
- 100~400 目的砂纸
- 1800~12000 目的微网牌砂纸
- 包含 4 种等级砂纸的微网牌砂磨棒

胶水
- 木工胶

表面处理产品
- 拉斯廷牌双组分漂白剂（可选）
- 透明抛光蜡，比如中性鞋油、利波伦牌或文艺复兴牌抛光蜡

雕刻头部

接下来需要雕刻仙鹤的头部。先在木料上画出头部的侧面和端面（步骤 3）。在端面中头部左侧的位置画出仙鹤的身体，并将其上方区域用交叉线标记，然后用 3/16 英寸（5 毫米）的 5 号圆口凿将毗邻鸟喙的交叉线区域凿去，显露出贴靠在身体上的鹤喙（步骤 4）。

紧接着，再次描绘鹤喙的侧面。用 3/16 英寸（5 毫米）的 5 号圆口凿将身体、颈部和头部凿切圆润，再辅以 1/4 英寸（6 毫米）的 7 号圆口凿对颈部底端的侧面进一步凿切。至此，作品造型已经取得了重大进展，整体看起来有了仙鹤的模样（步骤 5），如下图所示。

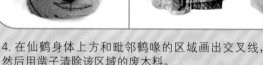

3. 侧视图中头部的轮廓。

4. 在仙鹤身体上方和毗邻鹤喙的区域画出交叉线，然后用凿子清除该区域的废木料。

5. 到这个阶段，仙鹤已基本成形。

添加细节

现在，仙鹤的主体造型已经大体呈现出来，可以在木料的侧面和底部绘制眼睛、羽毛、腿和足部等部位的主要特征线条了。绘图时用铅笔或墨水笔在木料表面画出中心线或参考线，以确保主要的特征线条相互之间的位置正确。中心线的位置一定要准确，否则会破坏作品的整体造型。例如，眼睛会随着中心线的偏移发生歪斜。

最好的方法就是用卡规经常测量尺寸，对于有疑问的地方，可以将特征线条擦掉并重新绘制，直到你感觉满意为止。在雕刻过程中，对于变模糊的特征线条，可以随时重新描画。

制作和镶嵌眼睛

接下来制作和镶嵌眼睛。我喜欢用仿象牙来制作仙鹤的眼白，用水牛角制作仙鹤的瞳孔。如果这两种材料对你来说不容易获得，可以用冬青木和乌木来代替。

我通常会在作品整体基本成形后就开始制作和镶嵌眼睛，因为眼睛决定了之后其他特征的雕刻能否成功。较早制作眼睛的另一个重要原因是，如果眼睛的位置不正确，很难加以矫正，尽早发现这一点，可以及时放弃一件失败的作品，避免做大量的无用功。

在雕刻技术章节，我已经讲解了如何制作和镶嵌眼睛（详见第 34~40 页），在你开始为仙鹤制作和镶嵌眼睛之前，请务必仔细阅读这部分内容。

用一个固定在多功能型电动工具上的圆头刀头钻出眼窝，并使其略成椭圆形。然后制作一根截面边长 1/4 英寸（6 毫米）的仿象牙销钉。用锉刀锉削销钉的一端，并不断将其插入眼窝中测试，直至其能够与眼窝完全贴合。

取出销钉，在眼窝内部涂抹胶水，然后将销钉再次插入眼窝中，将其牢牢固定到位（步骤 6）。如果销钉出现松动，表明制作的销钉尺寸偏小，可以将端部切掉重新制作。

待胶水凝固，使用同样的刀头切断销钉，使其高出头部表面约 5/32 英寸（4 毫米），然后用针锉将眼睛顶部锉削圆润。重复此过程，完成另一只眼睛的制作。接下来，切割出一块横截面边长为 3/64 英寸（1 毫米）的水牛角销钉，将其一端锉削成 1/32 英寸（0.8 毫米）的直径，

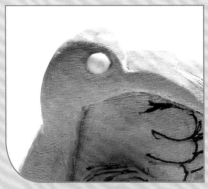

6. 嵌入瞳孔部件之前的眼睛。

用来制作瞳孔（步骤7）。用1/32英寸（0.5毫米）的圆头刀头在眼睛部件上钻孔。同样地，将水牛角销钉插入孔中检查贴合度，直到其可以与孔完全贴合，用胶水粘牢。待胶水凝固，切断水牛角销钉，使其顶部略高于眼睛表面，然后用锉刀将水牛角销钉的顶部锉削圆润。

雕刻羽毛

眼睛的雕刻完成之后，需要画出羽毛的轮廓，准备开始雕刻。

为了精确雕刻出羽毛的线条，应选择刃口形状与羽毛线条接近的圆口凿，然后将刃口压入木料表面进行雕刻。以略微倾斜的角度握持小号的1号直边平口凿，来修整羽毛的轮廓，使其略显圆润（步骤8）。可以使用照片中展示的雕刻羽毛的

技巧（步骤9），即使用1/16英寸（1.5毫米）的V形凿在每根羽毛的中央位置雕刻两条线作为羽轴，然后在羽轴两侧分别雕刻一些独立的羽毛分支。在这个阶段，可以开始从侧面和底部修整鹤蛋，雕刻出抓握鹤蛋的爪子。为了确保雕刻的精确度，需要使用3/16英寸（5毫米）的5号圆口凿、1/16英寸（1.5毫米）的1号直边平口凿和V形凿。对于上下鹤喙之间的线条，可以使用3/16

7. 在眼睛上画出瞳孔，并进行制作。

8. 雕刻出羽毛的轮廓。

9. 在另一个翅膀上雕刻出羽毛的轮廓。

英寸（5毫米）的5号圆口凿轻轻切入其中，小心雕琢，以形成足够明显的起始标记，然后改用1号直边平口凿，沿标记刻痕延伸，雕刻出上下喙之间的整个线条。

使用同样的平口凿，雕刻出其他部位的羽毛和底部的鹤腿及鹤爪（步骤10）。使用精细砂纸和微网牌砂纸稍稍打磨颈部后方，使其光滑整洁（步骤11）。这是截至目前（未将作品从主体木块上切下之前），可以完成的所有雕刻步骤。

切下

将仙鹤从主体木块上切下，与中央木块分离，然后用3/16英寸（5毫米）的5号圆口凿修整背部，用1/16英寸（1.5毫米）的V形凿雕刻尾羽。同时，你还要雕琢出尾巴底部的特征线条和羽毛。最后，在照片中所示的位置钻取绳孔（步骤12）。

10. 完成羽毛和根付底部鹤腿及鹤爪的雕刻。

11. 颈后还需要做一些修整和清理工作。

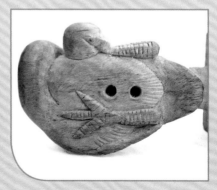

12. 钻取绳孔。

漂白

我想，如果将这块木料漂白，使其看起来更加轻盈，仙鹤可能会看起来更加逼真。漂白会使木料起毛刺，这意味着有些区域可能需要重新雕刻。不过，如果你喜欢这种较为自然的状态，这个问题就不存在了。

如第71页的照片所示，拉斯廷牌双组分漂白剂包含两瓶化学试剂，并且在使用时必须遵循先后的顺序。先用一把精细的刷子蘸取A瓶溶液进行刷涂，然后将根付静置在阳光下20分钟，等待其晾干，继续刷涂B瓶溶液，再放置4小时使其晾干。接下来，将用一小勺白醋和1品脱（568毫升）水配制的混合液刷涂在整件作品表面，来中和漂白剂，之后静置过夜。

如果第二天早晨，你发现很多区域产生了毛刺，需要用砂纸轻轻打磨作品表面，将其重新整平。如果你觉得作品颜色仍然偏深，可以重复此过程，直至获得满意的结果（步骤13）。

收尾

使用精细的微网牌砂纸打磨仙鹤，再次整平表面，并将其清理干净。如有必要，你可能还需要使用 $1/16$ 英寸（1.5毫米）的V形凿再次修整羽毛的刻痕。仔细检查整件作品，用圆口凿和平口凿重新修整鹤蛋的轮廓、爪子的线条以及其他细节，使雕刻线条看起来清晰利落。用 $3/16$ 英寸（5毫米）的5号圆口凿轻轻地切入上下鹤喙之间，并沿着喙的走向移动，重新加深线条。

这个过程结束之后，用最为精细的微网牌砂纸对作品进行全方位的打磨，为后续的抛光做准备。先用烙画笔制作签名，然后再用中性鞋油进行抛光。一定要等到中性鞋油渗入木料后，再用干净的布进行擦拭抛光。

13. 经过两次漂白的仙鹤作品。

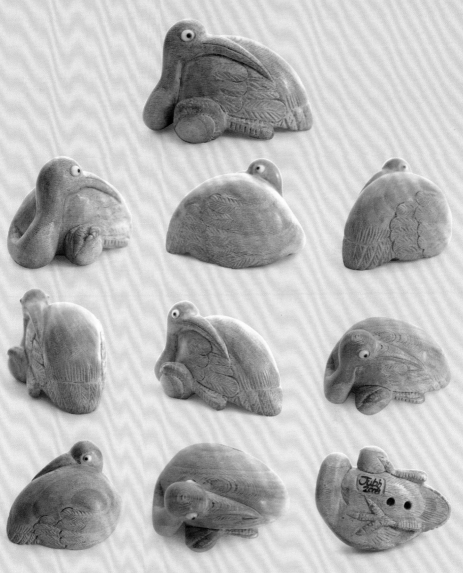

从各个角度拍摄仙鹤的成品图。

熟睡的野猪

野猪因为勇敢而在日本备受推崇，因为它在面对对手时无所畏惧，且会直接发动攻击。熟睡中的野猪却是平静而安详的，与其无所畏惧的形象形成了鲜明的对比。

主要材料

• 之前雕刻仙鹤的椴木块的另一端

主要工具

圆口凿和平口凿

• $3/16$ 英寸（5 毫米）的 5 号圆口凿

• $1/16$ 英寸（1.5 毫米）的 V 形凿

• $3/64$ 英寸（1 毫米）和 $5/64$ 英寸（2 毫米）的 U 形凿

• $1/8$ 英寸（3 毫米）的 5 号圆口凿

• $1/16$ 英寸（1.5 毫米）的 1 号直边平口凿

刀具

• 固定在多功能型电动工具上的 $3/64$ 英寸（1 毫米）的圆头刀头

起始步骤

第一步是雕刻野猪侧面的石头。如照片所示，先在石头上方的区域画出交叉线（步骤1），然后使用 3/16 英寸（5毫米）的5号圆口凿将交叉线区域凿切掉。第二张照片展示的是，去除石头上方区域的废木料后，显露出来的石头的轮廓（步骤2）。

其他材料和工具

墨汁
• 一小瓶黑色墨汁和一把干净的刷子

尖头墨水笔
• 绘制细线条的画图笔

打磨工具
• 100~400目的砂纸
• 1800~12000目的微网牌砂纸
• 包含4种等级砂纸的微网牌砂磨棒

表面处理产品
• 透明抛光蜡，比如中性鞋油、利波伦牌或文艺复兴牌抛光蜡

1. 在石头上方的区域画出交叉线。

2. 去除交叉线区域废木料后的石头轮廓。

绘制轮廓

参考端视图在端面画出身体和鼻子的轮廓线，参考侧视图在侧面画出前腿的轮廓线（步骤3），并在石头的对侧位置画出后腿的轮廓线。然后用 3/16 英寸（5毫米）的5号圆口凿将身体顶部修整圆润。由于前腿还需要进一步的细化，所以暂时无须修整。

添加细节

接下来的照片展示了身体的主要部位，经过修圆和打磨处理后呈现出的光滑效果（步骤4）。

木料表面光滑意味着，可以更容易地画出作品的主要特征线条。现在，可以绘制野猪两侧和正面的特征线条了。

3. 画出端面和侧面的轮廓线。

4. 将身体的主要部位修圆和打磨光滑。

落叶

可以用 3/16 英寸（5 毫米）的 5 号圆口凿雕刻落在野猪背上的落叶（步骤 5）。握持圆口凿，使刃口沿画线垂直切入木料中，然后以近乎水平的角度握持同一把圆口凿，继续切割经过垂直凿切的线条。这样，你就可以看到，落叶呈现在野猪的背上。这个阶段的最终目标是将野猪背部的其他部分雕凿到与落叶的相邻部分齐平的程度。

眼睛和耳朵

用 1/16 英寸（1.5 毫米）的 V 形凿雕刻出耳朵的轮廓，然后使用 3/64 英寸（1 毫米）的 U 形凿雕刻出耳朵内部的凹陷区域。1/8 英寸（3 毫米）的 5 号圆口凿，其刃口与闭着的眼睛的外围曲线吻合，可以将

刃口轻轻压入画线雕刻出眼睛的轮廓。接下来，用 5/64 英寸（2 毫米）的 U 形凿在眼睛上方和下方分别雕刻一个半圆形，使双眼的整体形状接近圆形。

腿和脚

现在，我决定重新绘制前腿的线条，它会与最初绘制的线条稍有不同。将野猪的小腿和脚拉出来，使其看起来就像是折叠在大腿的下方。可以通过底视图看到前脚和后脚的相应位置（步骤 6）。

在雕刻前腿和后腿时，你需要使用多种工具：3/16 英寸（5 毫米）的 5 号圆口凿，1/16 英寸（1.5 毫米）的 1 号直边平口凿，1/16 英寸（1.5 毫米）的 V 形凿和 3/64 英寸（1 毫米）的 U 形凿。先从前腿开始雕刻，沿

5. 雕刻落在野猪背上的落叶，使其呈现出来。

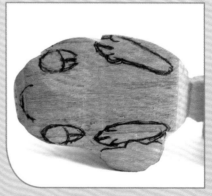

6. 重新绘制底部的前腿轮廓线。

7. 将脚底外围的废木料切掉。

8. 雕刻过程中，腿部的底视图。

着大腿的曲线，将 3/16 英寸（5 毫米）的 5 号圆口凿的刃口压入木料进行雕刻，然后用 1/16 英寸（1.5 毫米）的 1 号直边平口凿来雕刻膝盖的形状。将这些线条周围的木料清除干净，此时獠牙的画线也会被切掉。用 1/16 英寸（1.5 毫米）的 1 号直边平口凿切入小腿与大腿之间的画线，分步移动凿子，雕凿出所需的曲线。然后以同样的方式雕刻出脚部的曲线。最后将脚底外围的废木料部分切掉（步骤 7）。

将根付翻转到底部朝上，用 3/16 英寸（5 毫米）的 5 号圆口凿切入脚的内侧，并将废木料清除干净（步骤 8）。使用同一把凿子，继续凿切掉脚外侧的废木料（这部分应该隐藏在大腿下方）。然后用 1/16 英寸（1.5 毫米）的 V 形凿进行一次直切，将每个脚一分为二，雕刻出

9. 在这个阶段的最后，腿和脚已大致雕刻成形。

脚趾。然后以浅切的方式，将腿和脚的边缘修整圆润。以同样的方式处理其余三只脚（步骤 9）。

獠牙

重新画出獠牙和嘴巴的轮廓线，准备开始雕刻（步骤 10）。雕刻獠牙时要小心谨慎，确保不会切断獠牙。小心地将 5/64 英寸（2 毫米）的 U 形凿压入木料，标记出獠

牙从嘴中伸出位置的曲线。接下来，用 1/8 英寸（3 毫米）的 5 号圆口凿凿切出獠牙的底部和顶部轮廓，并去除獠牙两侧的废木料。如有必要，可以重复上述操作，以增加獠牙的浮雕效果（步骤 11）。

口鼻

用 1/8 英寸（3 毫米）的 5 号圆口凿雕刻口鼻，小心不要切到獠牙。当你从正面检查口鼻，发现它们的形状和位置正确时，画出嘴巴的内部线条，并且使用 1/16 英寸（1.5 毫米）的 V 形凿进行一系列的凿切，雕刻出完整的嘴巴轮廓（步骤 12）。对于鼻孔，可以用固定在多功能型电动工具上的、3/64 英寸（1 毫米）的圆头刀头凿切出来。将刀头轻轻沿画线切入木料，在每个鼻孔底部形成一个凹陷区域（步骤 13）。

雕刻石头

从靠近身体的石头线条开始雕

10. 重新画出獠牙和嘴巴的轮廓线。

11. 从嘴中伸出的獠牙。

12. 雕刻好的獠牙、鼻子及嘴巴。

刻（步骤14）。使用³⁄₁₆英寸（5毫米）的5号圆口凿和¹⁄₁₆英寸（1.5毫米）的1号直边平口凿切入石头的轮廓线，使靠近身体的石头部分最终高出身体约⁵⁄₆₄英寸（2毫米）。对每一层石头重复这样的操作，从内（靠近身体）向外，使每个分层的厚度达到³⁄₆₄英寸（1毫米）。对于靠近野猪尾部的石头，可以用平口凿以垂直的角度切入，然后以与这些切口的前后侧成一定角度的方式继续雕刻，直到获得满意的效果（步骤15）。

钻取绳孔

使用固定在多功能型电动工具上的、³⁄₆₄英寸（1毫米）的圆头刀头在根付底部钻取绳孔。绳孔最好

位于野猪身体底部靠近尾巴的位置（步骤16）。钻好绳孔之后，将木屑清理干净，为下一阶段的操作做好准备。

最后阶段

接下来一系列的照片展示了接近完成的根付作品，只剩下毛发的雕刻，以及将作品从中央木块上分离（步骤17、步骤18和步骤19）。

毛发

用铅笔在野猪背上轻轻描画出毛发的方向，并用最锋利的¹⁄₁₆英寸（1.5毫米）的V形凿浅浅地切割出细密的线条。然后沿着铅笔画线的方向雕刻，直至雕刻出整个背

13. 从这个角度可以看到鼻子的最终形状以及钻好的鼻孔。

14. 雕刻石头之前的野猪侧视图。

15. 石头雕刻完成后的野猪侧视图。

16. 在作品底部钻取绳孔。

17. 侧视图，可以看到石头和叶片的雕刻效果。

18. 另一面侧视图。

部的线条。你会发现，落叶之间的区域雕刻起来很棘手，因为线条很短，你唯一能做的就是耐下心来慢慢雕刻。在明亮的地方操作有助于在雕刻这些细节时看得更清楚，所以，如果可能的话，尽量选择在日光下进行雕刻，或者布置效果较好的人工光源。还要记住，在这个过程中不要操之过急，这是雕刻成败的关键（步骤20）。

19. 俯视图，可以清楚地看到雕刻好的落叶。

想要完成毛发的雕刻，需要将

20. 毛发已基本雕刻完成。

野猪从中央木块上分离下来。用 3/16 英寸（5 毫米）的 5 号圆口凿雕刻出屁股的形状，然后用砂纸将其打磨光滑，之后雕刻出尾巴。这样就能逐步完成全部毛发的雕刻。

染色

　　最后一步是用黑色墨汁对根付进行染色，然后用砂纸打磨高点。染色的目的是使毛发更加突出，并与背景木料形成鲜明的对比。首先，用水对黑色墨汁进行稀释，将其倒入小罐子中。然后用尖头墨水笔蘸取清水刷涂待染色的区域。（我们不会给落叶、石头、口鼻、脚、眼睛、耳朵顶部、獠牙、下嘴唇和底部的签名区域染色，所以这些区域也就不需要弄湿。）大约 10 分钟后，小心地在染色区域涂抹染料，注意避开上述区域。静置过夜，等待其晾干。晾干之后，用尖头墨水笔加深眼睛周围的线条、石头的缝隙、脚趾之间的缝隙，以及其他需要再次加深的线条（步骤 21）。

　　次日，使用 1800 目的微网牌砂纸轻轻打磨根付，去除表面高点处的大部分染料。如果染料不易脱落，可以使用刮刀去除。当你对椴木作品的细节感到非常满意时，就可以用烙画笔烙印签名，再用透明抛光蜡涂抹整个根付表面。等待蜡质渗透一段时间，用软布抛光作品表面。

21. 染色完成，主要特征线条已上墨。

从不同角度拍摄的熟睡的野猪成品图。

野兔

我的目标是只用 4 种工具来完成野兔的雕刻，以此证明不需要很多小工具就可以雕刻一件简单的根付作品。(不包括制作眼睛使用的多功能型电动工具和圆头刀头。)

主要材料

- 可以制作两件根付的黄杨木块，尺寸为 6 英寸 ×1⅜ 英寸 ×1⅜ 英寸（152 毫米 ×35 毫米 ×35 毫米）
- 准备水牛角、乌木或者东非黑黄檀木，用于制作眼睛所需的销钉

主要工具

圆口凿和平口凿
- ³⁄₁₆ 英寸（5 毫米）的 5 号圆口凿
- ¹⁄₁₆ 英寸（1.5 毫米）的 1 号直边平口凿
- ¹⁄₁₆ 英寸（1.5 毫米）的 V 形凿
- ¹⁄₁₆ 英寸（1.5 毫米）的 U 形凿

刀具
- ³⁄₆₄ 英寸（1 毫米）的圆头刀头，用来钻取眼窝

锉刀
- 中等粗糙度的锉刀
- 扁平针锉

起始步骤

这是用我最喜欢的黄杨木雕刻的第一件作品。首先，在木块侧面画出根付的主要特征线条（步骤1），并将木块顶部以及侧面下方打磨圆润。最好使用砂轮进行打磨，虽然 $^3/_{16}$ 英寸（5毫米）的5号圆口凿也可以获得同样的打磨效果，但耗时较长（步骤2）。之后，在打磨好的木块表面重新绘制主要的特征线条

1. 在木块侧面绘制主要的特征线条。

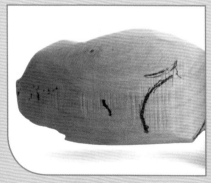

2. 把木块打磨圆润。

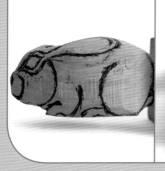

3. 在木块表面重新绘制主要的特征线条。

4. 凿切野兔头部的主要轮廓线条。

5. 雕刻出眼窝，并粗切出头部的轮廓。

（步骤3）。

　　先用 1/16 英寸（1.5 毫米）的 U 形凿凿切出野兔的鼻子、嘴巴、背部、头部两侧及耳朵的轮廓（步骤4），再用 1/16 英寸（1.5 毫米）的 V 形凿粗切出眼睛的轮廓（步骤5），然后用 3/16 英寸（5 毫米）的 5 号圆口凿将主要的特征线条修整圆润。用 V 形凿凿切鼻子内侧，以及嘴巴两侧从鼻子到嘴巴的区域。接下来使用 1/16 英寸（1.5 毫米）的 U 形凿凿切出前腿和后腿的轮廓，并用 3/16 英寸（5 毫米）的 5 号圆口凿为前后腿之间的部分塑形。

眼睛

　　先用安装在多功能型电动工具上的 3/64 英寸（1 毫米）圆头刀头钻两个孔，然后通过环绕孔的内部边缘移动钻头，将孔径扩大到 5/32 英寸（4 毫米）左右（步骤6）。切割一块水牛角，做成截面 1/4 英寸（6 毫米）见方的销钉，将销钉的一端磨圆，以匹配眼窝的形状（步骤7）。为了确保销钉与眼窝完全贴合，需

6. 野兔的眼窝已经制作完成，等待镶嵌眼睛。

7. 销钉被加工成与眼窝匹配的形状。

8. 将销钉插入眼窝。

9. 切断销钉，修整眼睛边缘。

10. 重新设计耳朵，将其稍稍缩短。

要对销钉磨圆的一端进行锥度打磨。

在眼窝内涂抹一些胶水，将销钉插入其中（步骤8）。切断销钉，使其高出头部表面约 $1/8$ 英寸（3毫米），然后用扁平针锉修整边缘（步骤9）。

耳朵

在这一步，检查一下野兔所有特征线条的尺寸。我发现原来设计的耳朵有点长，所以将它们稍微缩短了一些（步骤10）。

兔脚

在木料底部画出兔脚的细节线条，为雕刻做好准备（步骤11）。雕刻出脚的形状，并切除双脚之间的废木料（步骤12），然后标记出签名和绳孔的位置。

皮毛

先用不同等级的细砂纸打磨整件作品，最后使用的砂纸为1800目的微网牌砂纸。当木料表面被打磨得平整光滑后，就可以开始雕刻头部及身体上的兔毛。用铅笔在野兔

11.画出兔脚的底部细节。　　12.雕刻完成的兔脚。　　13.头部和耳朵的俯视图。

面部轻轻画出兔毛的线条，然后使用 1/16 英寸（1.5 毫米）的 V 形凿以短促凿切的方式雕刻出短毛的线条。逐渐将雕刻范围扩展到整个头部，包括耳朵（步骤 13）。注意，在用 V 形凿进行雕刻前，一定要先画出兔毛的线条，然后沿画线雕刻。

　　继续沿身体绘制线条，并用 V 形凿以较长的笔画进行凿切，用来雕刻较长的兔毛。从头部向尾部雕刻，直到兔毛过于浓密，无法逐根雕刻出来（步骤 14）。

切下

　　此时，需要将根付从主体木块上切下，以雕刻尾巴，从而完成全部雕刻操作。用锯子将根付从主体木块上锯下，然后画出尾巴的轮廓线，准备进行雕刻（步骤 15）。

收尾

　　使用 3/16 英寸（5 毫米）的 5 号圆口凿去除尾巴周围的废木料，然后继续修整尾巴的边缘。依次使用不同目数的砂纸打磨臀部和尾巴，最后使用微网牌砂纸进行处理。

　　用 1/16 英寸（1.5 毫米）的 V 形凿凿切背部、尾部及底部兔毛的线条。钻出绳孔，用烙画笔在签名区域烙印签名。接下来，用微网牌

14.野兔侧视图，兔毛基本雕刻完成。　　15.野兔的尾部轮廓。

砂纸逐级进行打磨，最终的砂纸目数应达到12000目。

最后，使用颜色稍深的抛光蜡对整体进行抛光，利波伦牌仿古松蜡是不错的选择。打蜡后静置几分钟，再用干净的布擦拭表面进行抛光。在 V 形凿凿切过的低凹处会残留一些蜡，正好可以与兔毛形成鲜明的对比，使其更显凸出。

从不同角度拍摄的野兔成品图。

潜水蛙

这件根付作品是参照雕刻大师费伯奇（Fabergé）用玉石和钻石制作的潜水蛙造型，使用黄杨木雕刻而成的。这一次，我会尽可能地使用电动工具进行雕刻。

主要材料

- 黄杨木的另一端
- 水牛角、仿象牙、乌木或者东非黑黄檀木，用来制作和镶嵌眼睛

主要工具

圆口凿和平口凿
- $1/16$ 英寸（1.5 毫米）的 V 形凿
- $1/16$ 英寸（1.5 毫米）的 U 形凿
- $1/16$ 英寸（1.5 毫米）的 1 号直边平口凿

刀头
- $3/64$ 英寸（1 毫米）的圆头刀头
- $1/4$ 英寸（6 毫米）的圆头刀头
- $3/16$ 英寸（5 毫米）的椭圆刀头
- $5/32$ 英寸（4 毫米）的锥度刀头
- $5/64$ 英寸（2 毫米）的圆头刀头
- $5/32$ 英寸（4 毫米）的倒锥形刀头
- $5/64$ 英寸（2 毫米）的尖锥刀头

起始步骤

首先，在木料表面画出主要的特征线条，在需要去除废木料的区域画上交叉线。使用 1/4 英寸（6 毫米）的圆头刀头去除前腿周围交叉线区域的废木料（步骤 1）。每次专注于处理一侧，并将刀头的转速控制在对应 1/3 满功率的档位。逐渐去除交叉线区域的废木料，直到潜水蛙的躯干显露出来。

雕刻腿部

从后腿与身体相交处开始雕刻，然后是蛙腿靠近足部的末端部分，之后是前腿上方的区域（步骤 2）。

因为电动工具驱动的刀头去除木料的速度很快，很容易切过头，所以在靠近其他特征线条时，切割要格外小心。安装在多功能型电动工具上的废木料去除刀头可参阅第 14~17 页内容。

如果这是你第一次使用电动工具雕刻，请慢慢来。长时间使用多功能型电动工具会感觉手部劳累，无法继续握持工具，可以稍事休息，并活动一下手指。

除了潜水蛙后腿之间的区域，其他交叉线区域的废木料都已被去

其他材料和工具

砂轮
• 用来打磨根付的顶部和侧面下方

砂纸
• 中等粒度和精细的砂纸
• 1800~12000 目的微网牌砂纸
• 包含 4 种等级砂纸的微网牌砂磨棒

胶水
• 木工胶

表面处理产品
• 透明抛光蜡，比如中性鞋油、利波伦牌或文艺复兴牌抛光蜡

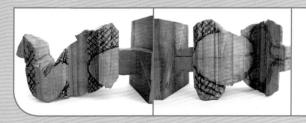

1. 去除交叉线区域的废木料。

2. 腿部周围的废木料已被去除。

3. 底视图上显示的要被去除的区域。

除（步骤3）。

　　仍然使用 1/4 英寸（6毫米）的圆头刀头，通过钻通后腿之间的交叉线区域来去除废木料。从潜水蛙的顶部开始钻入，一直向下钻入潜水蛙的底部，这样可以保证交叉线区域的钻孔是朝向底部开口的。

　　钻出通孔后，继续使用 1/4 英寸（6毫米）的圆头刀头扩大孔径，直到孔的圆周接近交叉线区域的边缘。然后换用 5/64 英寸（2毫米）的圆头刀头，继续小心地切割到交叉线区域的边缘（步骤4、步骤5和步骤6）。

眼睛和嘴巴

　　用 5/64 英寸（2毫米）的圆头刀头雕刻双眼之间的顶部区域，使其与身体前后呈水平状态。然后用同样的刀头雕刻侧视图中的眼睛，使其呈现出大致轮廓（步骤7）。接下来用 5/32 英寸（4毫米）的锥度刀头磨平双眼之间凸出的棱角，直至表面光滑。再对潜水蛙的整个身体进行打磨，直到身体变的浑圆。

　　在木料表面画出眼窝和嘴巴（步骤8），然后用 5/64 英寸（2毫米）的圆头刀头凿出眼窝。用 5/32 英寸（4毫米）的倒锥形刀头倾斜着压在

4. 在后视图上画出眼睛的轮廓。

5. 从脚后端查看雕刻进度的效果图。

6. 底部的轮廓图。

7. 雕刻眼睛周围和双眼之间区域后的效果图。

8. 画出眼窝和嘴巴后的效果图。

木料表面，雕刻出嘴巴的线条。

后脚

接下来，在后脚上画出脚趾，并用 $5/64$ 英寸（2 毫米）的圆头刀头雕刻出脚趾间的缝隙（步骤 9）。如果后脚看起来有些厚重，可以用 $5/32$ 英寸（4 毫米）的锥度刀头将其打薄，然后重新画出脚趾线条并进行雕刻。

面部特征

在眼睛前方区域画出交叉线，然后将此区域的废木料切掉，以形成一个浅的凹面，一直通到鼻孔。最后，在嘴巴上方和下方画出轮廓线条（步骤 10）。

用 $5/64$ 英寸（2 毫米）的圆头刀头将眼睛前方的交叉线区域去除，然后用 $1/16$ 英寸（1.5 毫米）的 V 形凿雕刻出嘴巴的上下轮廓。选用

V形凿代替刀头的原因是，V形凿更易于控制，雕刻出的线条也更加精细。

用仿象牙制作眼白，用水牛角制作瞳孔，制成眼睛并将其嵌入眼窝中。制作眼睛的详细过程见第34~40页（步骤11）。

切下

为了完成根付前半段（包括前脚）的最终雕刻，必须将潜水蛙与主体木块分离（步骤12）。要确保腹面平整，并且从后向前略微倾斜，使潜水蛙的身体重心前移，雕刻出潜水蛙正要跳入水中的效果。

前脚

在底部的前端画出潜水蛙的前脚和面部特征线条（步骤13）。用固定在多功能型电动工具上的 $\frac{3}{64}$

9.画出脚趾线条并进行粗略雕刻。

10.画出嘴巴周围的线条。

11.在这一步制作并镶嵌双眼。

英寸（1毫米）圆头刀头雕刻出前脚的形状，用 1/16 英寸（1.5毫米）的 V 形凿和 U 形凿雕刻出嘴巴下方的区域（步骤14）。在这个过程中，我使用的是凿子，而不是电动工具，因为凿子更易于控制，而电动工具很容易因过度切割而毁掉整件作品。

其他特征

回顾我对青蛙的研究，我发现，在青蛙的背部两侧各有一条隆起的线，从鼻子开始一直延伸至青蛙的尾部。我将这两条隆起的线画在木料表面，如图所示（步骤15）。然后先用 1/16 英寸（1.5毫米）的 V 形凿沿画线去除废木料，再用 1/16 英寸（1.5毫米）的 1 号直边平口凿将 V 形切口两侧的区域清理干净，随后雕刻出眼睛后方的鼓膜和鼻孔的轮廓（步骤16）。在雕刻操作都完成之后，进行打磨、制作签名和整体抛光。

12. 将潜水蛙从主体木块上切下。

13. 画出潜水蛙腹面的细节线条。

14. 雕刻好双脚。

15. 画出潜水蛙背部两侧隆起线条的细节。

16. 将其他特征雕刻完成后，潜水蛙就基本成形了。

从不同角度拍摄的潜水蛙成品图

鸳鸯

美丽动人、色彩艳丽的鸳鸯传自中国，常常被日本雕刻师作为根付主题进行雕刻。下面要制作的鸳鸯是用樱桃木雕刻的，并镶嵌了色彩鲜亮的羽毛。

主要材料

- 樱桃木块，尺寸为 6 英寸 ×1⅜ 英寸 ×1⅜ 英寸（152 毫米 ×35 毫米 ×35 毫米）
- 水牛角、乌木或东非黑黄檀木，用于制作销钉
- 如果你喜欢，也可以使用仿象牙、冬青木或象牙制作销钉
- 紫杉木或紫杉木木皮
- 染色木皮、彩色树脂或鲍鱼壳

主要工具

圆口凿和平口凿

- 3/16 英寸（5 毫米）的 5 号圆口凿
- ¼ 英寸（6 毫米）的 9 号圆口凿
- 1/16 英寸（1.5 毫米）的 V 形凿
- ⅛ 英寸（3 毫米）的 1 号直边平口凿
- 1/16 英寸（1.5 毫米）的 1 号直边平口凿
- 5/32 英寸（4 毫米）的 9 号圆口凿

刀具

- 3/64 英寸（1 毫米）的圆头刀头
- 1/16 英寸（1.5 毫米）的圆头刀头
- 5/64 英寸（2 毫米）的圆头刀头
- 5/32 英寸（4 毫米）的锥度刀头
- 5/64 英寸（2 毫米）的平行刀头

起始步骤

在樱桃木上画出鸳鸯的轮廓草图，并用交叉线标记出需要去除的区域（步骤1）。用 3/16 英寸（5毫米）的5号圆口凿去除交叉线区域的废木料，粗雕出鸳鸯的大致轮廓（步骤2）。然后进行打磨，以得到较为光滑的表面，便于再次勾画鸳鸯的主要特征线条。右边的放大图展示了需要镶嵌的区域，以及可以选择的镶嵌材料（步骤3）。

头部

再次勾画主要的特征线条，然后开始雕刻鸟喙和头部后侧的冠羽（步骤4）。先用 1/4 英寸（6毫米）的9号圆口凿在头部前侧下方雕刻出一条弧线，再用 1/16 英寸（1.5毫米）的V形凿继续延伸这条弧线，从头部前方一直延伸到鸟喙的顶部，并与另一侧的弧线相交。然后用 1/8 英寸（3毫米）的1号直边平口凿向着上述雕刻线的方向修整头部，并雕刻鸟喙侧面，从头部末端切入，一直向外延伸至鸟喙前端。在头部和鸟喙两侧重复这个雕刻过程，直到它们看起来正确无误。记住，头部前侧到鸟喙的部分存在锥度变化，

其他材料和工具

锉刀
- 中等粗糙度的锉刀
- 针锉

砂轮
- 用来打磨根付的眼睛和胸部羽毛

砂纸
- 100~400目的砂纸
- 1800~12000目的微网牌砂纸
- 包含4种级别砂纸的微网牌砂磨棒

胶水
- 木工胶

表面处理产品
- 透明抛光蜡，比如中性鞋油、利波伦牌或文艺复兴牌抛光蜡

1. 双面侧视图，以及两侧需要去除的交叉线区域。

2. 交叉线区域的废木料
已被去除。

3. 打磨光滑后的鸳鸯效果图。

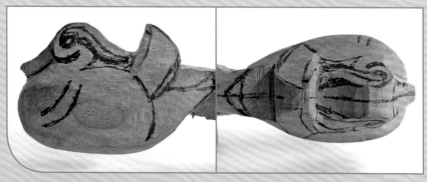

4. 在木料表面重新画出主要特征线条。

并且眼睛稍微向前倾斜。

接下来，开始雕刻头部后侧的冠羽，冠羽向着背部的中间延伸，并逐渐变细，直至进入两根醒目的直立羽之间（步骤5）。用 1/16 英寸（1.5 毫米）的 1 号直边平口凿在直立羽的底部径直切入形成一个切口，然后用 1/8 英寸（3 毫米）的 1 号直边平口凿从头部切入，一直延伸至直立羽底部的切口处，并去掉一块楔形的废木料。同时清理切口底部靠近翅膀的区域。在翅膀两侧重复几次同样的操作，直到冠羽逐渐变细，到达如图所示的画线处。

在现实生活中，两侧的直立羽是不会相交的，但你可以像我这样，通过夸张的艺术手法让两根直立羽在顶部相交，以增加作品的强度。

用 $3/16$ 英寸（5 毫米）的 5 号圆口凿将直立羽削薄，然后用安装在多功能型电动工具上的 $5/64$ 英寸（2 毫米）的圆头刀头刺穿两根直立羽的相交处，用来将绳子从中间穿过（步骤 6）。最后，使用 $1/16$ 英寸（1.5 毫米）的 1 号直边平口凿将绳孔扩大。

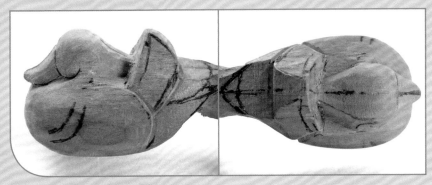

5. 雕刻鸟喙和头部后侧的冠羽。

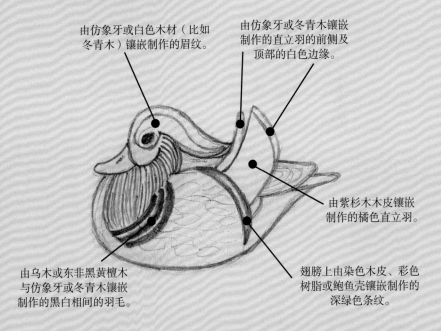

由仿象牙或白色木材（比如冬青木）镶嵌制作的眉纹。

由仿象牙或冬青木镶嵌制作的直立羽的前侧及顶部的白色边缘。

由紫杉木木皮镶嵌制作的橘色直立羽。

由乌木或东非黑黄檀木与仿象牙或冬青木镶嵌制作的黑白相间的羽毛。

翅膀上由染色木皮、彩色树脂或鲍鱼壳镶嵌制作的深绿色条纹。

6. 放大直立羽的前端和后部。

眉纹

　　首先在头部两侧画出眉纹的轮廓，然后选用 1/8 英寸（3 毫米）厚的仿象牙来制作匹配头部弧度的镶嵌件。切取一块仿象牙，用铅笔在其表面画出眉纹的轮廓，并检查尺寸大小及形状是否正确（步骤 7）。

　　用 5/32 英寸（4 毫米）的锥度刀头粗切出眉纹的大致形状，然后用 3/16 英寸（5 毫米）的 5 号圆口凿、5/32 英寸（4 毫米）的 9 号圆口凿和 1/16 英寸（1.5 毫米）的 1 号直边平口凿在头部两侧刻划眉纹的轮廓线，并雕刻出镶嵌眉纹部件的凹槽（步骤 8）。用圆口凿和平口凿紧贴轮廓画线压入木料中，凿切出凹槽的轮廓。然后用 1/16 英寸（1.5 毫米）的 1 号直边平口凿从眉纹内部向着外侧的轮廓线凿切，小心地去

除废木料，将凹槽凿切至 3/64 英寸（1 毫米）深。如有必要，可以重复该过程，以增加凹槽深度。

　　将仿象牙眉纹部件放入凹槽，检查贴合度，如果某个位置不是很贴合，可以用针锉锉削（步骤 9）。反复检查和锉削，直到眉纹部件与凹槽完全贴合。此时仿象牙眉纹会高出头部两侧表面，但最终可以用锉刀将其锉平（步骤 10）。

　　用胶水将眉纹部件固定在凹槽内，然后重复操作，固定另一侧的眉纹部件。这是一个耗时的过程，我们的目标是努力做到最好。

　　画出眼窝的轮廓线，并用固定在多功能型电动工具上的 5/64 英寸（2 毫米）的圆头刀头为其钻孔。径直在仿象牙眉纹上钻孔时要十分小心，不要使眼窝超出预期尺寸（步骤 11）。

7. 已经切割出一个眉纹部件，并为另一个部件画好草图，准备切割。

8. 凿切出镶嵌眉纹部件的凹槽。

9. 放入仿象牙眉纹部件，先不要急着将其锉平。

10. 将眉纹部件锉平，使其与头部两侧的表面平齐。

11. 画出眼窝的轮廓线并钻孔。

制作羽毛

下一步是赋予羽毛颜色。鸳鸯背部的大面积区域是橘黄色的，只有前侧一块狭窄的区域是白色的。因此，我选择将橘黄色的紫杉木切成 5/64 英寸（2 毫米）厚，然后对背部区域进行塑形，用胶水将紫杉木木片粘贴在樱桃木制成的背部表面（步骤 12）。待胶水完全凝固后，用 3/16 英寸（5 毫米）的 5 号圆口凿将紫杉木木片削薄。

至于直立羽前侧的白色边缘，可以切取一块仿象牙细条，然后用固定在多功能型电动工具上的 5/32 英寸（4 毫米）的锥度刀头将仿象牙细条加工成大致形状（步骤 13），再用针锉精修到所需的形状，使其后侧与紫杉木直立羽的前缘完全贴

合。用胶水将边缘部件粘在直立羽前方（步骤 14）。如果边缘部件的形状有些突兀，可以在胶水凝固后，用锉刀对其进行修整。重复上述步骤，塑造出另一侧的羽毛。

接下来，再切割一块仿象牙细条，用来匹配紫杉木直立羽的顶部。重要的是，要使细条形状与直立羽顶部的弧度完全匹配，这需要先将细条试贴在顶部来检验贴合度，并用锉刀进行必要的修整，直至二者完全匹配。此时不需要顾及顶部的形状，因为只有在把细条牢固地粘在直立羽上，且胶水完全凝固后，才会进行最后的塑形（步骤 15）。

为了呈现翅膀后部的绿色条纹，需要先在翅膀后部画出轮廓线，凿切出一条凹槽（步骤 16）。先用 3/16 英寸（5 毫米）的 5 号圆口凿沿画

12. 用胶水将紫杉木木片制作的直立羽粘贴到位。

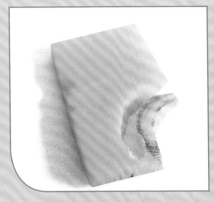

13. 从仿象牙材料上切取细条。

14. 用胶水将仿象牙细条固定在紫杉木直立羽的前缘。

15. 用胶水将仿象牙细条固定在紫杉木直立羽的顶部。

16. 在紫杉木直立羽的下方凿切出凹槽，用来制作并镶嵌绿色条纹。

17. 用鲍鱼壳来制作代表绿色羽毛的镶嵌部件。

线压入木料表面雕刻出轮廓线，然后用 1/16 英寸（1.5 毫米）的 1 号直边平口凿清除凹槽内部的废木料。

可选用鲍鱼壳来制作绿色条纹。用 5/64 英寸（2 毫米）的平行刀头从鲍鱼壳上切下两小块新月形的镶嵌部件（步骤 17）。我强烈建议在切割鲍鱼壳时佩戴口罩，因为鲍鱼壳的粉末是有毒的。

将切割好的鲍鱼壳镶嵌部件放在凹槽中，检查贴合度，如果不合适，就用锉刀进行修整，待形状匹配，用胶水将其固定（步骤 18）。注意，随着鸳鸯的身体在底部向内弯曲，可能会有一小部分镶嵌部件

安全贴士：

鲍鱼壳粉末有毒，在切割时一定要佩戴口罩。

18. 将切割好的鲍鱼壳镶嵌部件放入凹槽中。

19. 将鲍鱼壳镶嵌部件用胶水固定，并进行锉削和抛光。

凸出在凹槽之外。如果出现这种情况，可以用力将其按压进凹槽内，哪怕断裂，使镶嵌部件完全嵌入凹槽底部。待胶水凝固后，再填充断裂的缝隙。这个缝隙在经过深色硬蜡抛光之后会被掩盖。在另一侧重复相同的操作。接下来，还要用锉刀将镶嵌部件表面的所有棱角锉削平整。最后，用微网牌砂磨棒打磨绿色条纹，从最粗糙的砂纸开始顺次打磨，直到使用最精细的砂纸。打磨完成后，鲍鱼壳内部的颜色会呈现出来（步骤19）。

眼睛

接下来制作眼睛。首先用带锯切取一小块水牛角，然后用砂轮将其一端磨圆，使其尺寸接近眼睛的直径。用锉刀将销钉磨圆的一端锉削出细微的锥度，插入眼窝检查贴合度。反复检查和锉削，直至销钉与眼窝完全贴合。涂抹胶水将其固定，然后用 1/16 英寸（1.5 毫米）的圆头刀头将销钉切断，使其顶部高出头部表面 5/64 英寸（2 毫米）。重复上述步骤，制作和镶嵌另一只眼睛（步骤20）。

待胶水完全凝固，用扁平针锉将眼睛顶部锉削成穹顶形（步骤21）。当你对眼睛的形状感到满意后，用微网牌砂磨棒进行打磨，直到眼睛呈现良好的光泽，给人以灵动的感觉。

修整

在这一阶段，我的一个朋友在

看到我雕刻的鸳鸯之后，给了我一张他拍摄的鸳鸯照片（步骤22）。这与我之前画的草图造型完全不同，意味着我需要对雕刻作品进行细微的调整。在雕刻过程中改进设计，以提高作品的最终品质，这是可以接受的。

想要在根付中重现鸳鸯所有鲜

20. 一只眼睛已经做好并完成镶嵌，另一只眼睛的销钉等待切断。

21. 将眼睛修整成穹顶形，然后完成颈部的雕刻

22. 颜色鲜艳的鸳鸯。

艳的颜色是不可能的，但只要囊括其主要特征，就可以使作品达到与原型神似的程度。

颈部和胸部羽毛

头部两侧的颈部羽毛是下一个需要雕刻的对象。先画出颈部的范围，用 1/16 英寸（1.5 毫米）的 V 形凿沿画线雕刻出轮廓，然后用 1/16 英寸（1.5 毫米）的 1 号直边平口凿将雕刻线外部区域的废木料清除干净。用铅笔在木料表面画出羽毛的线条，再用 1/16 英寸（1.5 毫米）的 V 形凿小心地雕刻出羽毛的造型。事后来看，在颈部羽毛旁边首先制作黑白相间的镶嵌部件，可以保护颈部的羽毛线条。

在胸部两侧制作黑白相间的羽毛镶嵌部件，需要首先将东非黑黄檀木制作的部件嵌入鸳鸯的身体，然后在东非黑黄檀木部件上镶嵌白色的仿象牙部件。可以先在测试件上进行练习，以防将作品毁坏，功亏一篑。先用 3/64 英寸（1 毫米）的圆头刀头在东非黑黄檀木上切割出两个紧邻的窄槽，再用砂轮将仿象牙细条打磨成薄片，并用锉刀将其锉削至与凹槽完全贴合的程度，最后完成镶嵌（步骤 23）。

当你对仿象牙部件的效果满意后，切取一块尺寸为 2 英寸 ×1/4 英寸 ×1/4 英寸（51 毫米 ×6 毫米 ×6 毫米）的东非黑黄檀木，用白铅笔在木料表面画出羽毛的大致轮廓。再用固定在多功能型电动工具上的 5/32 英寸（4 毫米）的锥度刀头加工出羽毛的形状，一定要提前留出额外的木料，作为用来固定的区域。羽毛成形后，将木块剖切成两片，以保证胸部两侧的羽毛形状完全相同（步骤 24）。

在胸部两侧画出镶嵌东非黑黄檀木部件的区域轮廓（步骤 25），用 3/16 英寸（5 毫米）的 5 号圆口凿和 1/16 英寸（1.5 毫米）的 1 号直边平口凿沿画线切入木料雕刻出轮廓线，然后去除轮廓线内的废木料，制作出镶嵌所需的凹槽（步骤 26）。槽口要有一定的深度，以便于镶嵌部件能够完全嵌入其中。

将东非黑黄檀木部件嵌入凹槽前，先将部件与用于固定的部分分离，然后反复检查部件与凹槽的贴合度，进行锉削和修整，直到两者完全匹配。在修整过程中，最好在作品下方放一个空盒子，这样如果部件不小心掉落，可以被盒子接住，不会出现不知所踪的情况。用胶水将修整好的部件固定在凹槽中，静置 24 小时，待胶水完全凝固之后，再用锉刀锉削部件，使其与周围表面齐平（步骤 27）。锉削过程要非常小心，以防剐蹭到相邻的表面。

当镶嵌部件被锉平后，继续使用微网牌砂磨棒进行打磨，依次使用 4 个等级的砂纸进行打磨，直到部件表面变得光亮。接下来，为仿象牙镶嵌部件切割出第一个凹槽，其深度约为 1/8 英寸（3 毫米）。然后切取一条仿象牙，反复检查其与凹槽的贴合度，并根据需要进行修整，直到其长宽与凹槽尺寸完全匹配。用胶水将其固定在凹槽中，静

置，等待胶水凝固（步骤 28）。之后将仿象牙镶嵌部件锉削到与东非黑黄檀木的表面齐平的程度。重复上述操作，完成另一条仿象牙镶嵌部件的制作和镶嵌（步骤 29）。

接下来的任务是绘制并雕刻出颈部羽毛，以及完成鸳鸯另一侧的东非黑黄檀木部件和仿象牙部件的制作和镶嵌。

精修

此时，我发现雕刻的鸟喙太长太宽了。可以用 3/16 英寸（5 毫米）

23. 将仿象牙部件嵌入东非黑黄檀木测试件的凹槽中，检测其贴合度。

24. 制作出胸部两侧的羽毛部件。

25. 画出镶嵌区域的轮廓。

26. 凿切出用于镶嵌东非黑黄檀木部件的凹槽。

27. 第一块东非黑黄檀木镶嵌部件被锉削平整之前的照片。

的 5 号圆口凿修整一下，再用 1/16 英寸（1.5 毫米）的 V 形凿雕刻出鼻孔（步骤 30）。

用 1/16 英寸（1.5 毫米）的 V 形凿再次修整翅膀上下的轮廓线（步骤 31）。勾勒几根羽毛即可，因为对于真正的鸟，人们通常不会注意到翅膀上的单根羽毛。

切下

将鸳鸯从主体木块上分离，这样你就可以画出后面的翅膀羽毛和尾羽，继续完成最后的雕刻了（步骤 32）。

接下来画出翅膀羽毛的轮廓，用 1/16 英寸（1.5 毫米）的 V 形凿雕刻出每个翅膀并塑形。翅膀之间应该有部分重叠（步骤 33）。

翅膀现在已经成形，并经过了修整，尾羽则位于翅膀羽毛的下方。最后，将尾巴下方的身体修整到位（步骤 34 和步骤 35），然后，用烙画笔制作签名。

28. 将仿象牙部件嵌入第一个凹槽中。

29. 用东非黑黄檀木和仿象牙镶嵌完成的黑白相间的羽毛。

30. 重新修整鸟喙，然后制作鼻孔。

31. 精修翅膀和羽毛的整体轮廓。

32. 将鸳鸯从主体木块上切下。

33. 画出身体后部末端的翅膀羽毛，雕刻并塑形。

34. 修整末端的翅膀羽毛，着手绘制和雕刻尾羽。

35. 雕刻出翅膀末端的羽毛和尾羽。

从不同角度拍摄的鸳鸯成品图。

蝙蝠

蝙蝠是分步雕刻讲解系列的最后一件作品，所选取的主体材料是樱桃木。它是基于对传统象牙及各类木材雕刻的蝙蝠根付进行的创作。不同之处在于，这个蝙蝠展示出将要展翅翱翔的动作。

主要材料

- 樱桃木块的另一端
- 水牛角、乌木或东非黑黄檀木，用来制作眼睛所需的销钉

主要工具

圆口凿和平口凿
- $3/16$ 英寸（5 毫米）的 5 号圆口凿
- $1/4$ 英寸（6 毫米）的 9 号圆口凿
- $1/16$ 英寸（1.5 毫米）的 V 形凿
- $1/16$ 英寸（1.5 毫米）的 U 形凿

刀具
- $3/64$ 英寸（1 毫米）的圆头刀头
- $5/32$ 英寸（4 毫米）的圆头刀头

锉刀
- 中等粗糙度的锉刀
- 针锉

起始步骤

在木料表面画出设计的轮廓线，并在翅膀上方画出交叉线区域，然后用 ³⁄₁₆ 英寸（5 毫米）的 5 号圆口凿和 ¼ 英寸（6 毫米）的 9 号圆口凿去除交叉线区域的废木料（步骤 1 和步骤 2）。

主要特征

将身体顶部修整圆润，然后画出眼睛和耳朵的线条（步骤 3）。

雕刻耳朵和眼睛周围的区域。雕刻出面部轮廓，并用水牛角销钉镶嵌出小眼睛（步骤 4）。眼睛的制作和镶嵌过程详见第 34~40 页。

使用 ³⁄₁₆ 英寸（5 毫米）的 5 号圆口凿对翅膀外侧面进行修整，雕刻时应从翅膀底部向着靠近身体的顶部区域进行处理，形成一个锥度（步骤 5）。

底部

将蝙蝠翻转过来，画出底部翅膀与身体之间的交叉线区域（步骤 6），然后去除废木料。

在雕刻后腿和尾巴之前，该区域不应去除过多的木料。在底部区

其他材料和工具

打磨工具
- 100~400 目的砂纸
- 1800~12000 目的微网牌砂纸
- 包含 4 种等级砂纸的微网牌砂磨棒

胶水
- 木工胶

表面处理产品
- 透明抛光蜡，比如中性鞋油、利波伦牌或文艺复兴牌透明抛光蜡

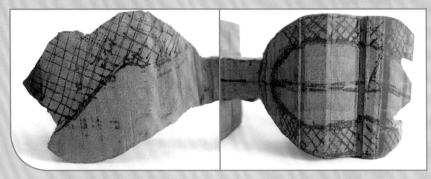

1. 去除翅膀上方交叉线区域的废木料。

2. 翅膀上方交叉线区域的废木料已被去除。

3. 画出主要特征线条，并对头部进行部分修整。

域画出如图所示的主要特征线条（步骤 7 和步骤 8）。

翅膀

在蝙蝠身体两侧画出翅膀的轮

4. 嵌入眼睛，并对面部进行塑形。

5. 将翅膀外侧面修整得略带锥度，图中展示了两个角度的效果图。

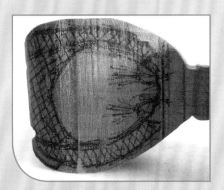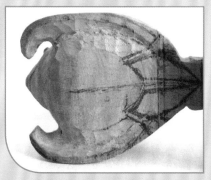

6. 在身体底部画出交叉线区域。

7. 画出后腿和尾巴的线条。

廓线条（步骤 9）。用 ¹/₁₆ 英寸（1.5 毫米）的 V 形凿在翅膀上雕刻出前爪，并将木屑清除干净。再用 ¹/₁₆

英寸（1.5 毫米）的 U 形凿雕刻出前爪之间的缝隙，尤其是互相靠近的区域，用 ³/₁₆ 英寸（5 毫米）的 5

8. 粗雕后的身体底部。

9. 画出翅膀的特征线条。

10. 雕刻出翅膀上的前爪线条。

号圆口凿修整前爪上方的区域。接下来，用 ³/₁₆ 英寸（5毫米）的5号圆口凿沿前爪的轮廓线切入，将其轮廓勾勒得更加清晰（步骤10）。

精修

用 ¹/₁₆ 英寸（1.5毫米）的V形凿雕刻出鼻子和嘴巴，再用锉刀修整鼻子和嘴巴周边的区域（步骤11）。接下来精修爪子之间的缝隙、

耳朵周边和身体底部。

毛发

开始雕刻面部和背部的毛发。先画定一小片区域，画出毛发的大体走向，再用 ¹/₁₆ 英寸（1.5毫米）的V形凿以较短的笔画雕刻出短毛发的线条，然后移动到其他区域继续雕刻毛发（步骤12）。

在雕刻身体底部的毛发之前，

应预先留出制作签名和绳孔的区域（步骤 13）。在身体底部画线时，不要忘记标记翅膀内侧的前爪线条，并用 1/16 英寸（1.5 毫米）的 V 形凿加深其轮廓。

随后，开始雕刻身体底部翅膀内侧的毛发和前爪线条（步骤 14）。在身体底部画出翅膀与身体连接部的线条，并用 3/16 英寸（5 毫米）的 5 号圆口凿沿接合部切入木料，雕刻身体与翅膀的连接部。

后腿和后爪

在雕刻蝙蝠腹部的毛发之前，先要雕刻出后腿和后爪。蝙蝠的爪底有一个中空区域，需要率先雕刻出来，然后再画出脚趾的线条，使用 1/16 英寸（1.5 毫米）的 V 形凿进行雕刻。在绘制脚趾线条之前，应对整个爪底进行塑形，以方便操作（步骤 15）。

在木料表面画出脚趾的线条并进行雕刻（步骤 16 和步骤 17）。如果能为后爪打上一层透明抛光蜡，

11. 在蝙蝠的面部雕刻鼻子和嘴巴。

12. 雕刻出头部毛发。

13. 预留出制作绳孔和签名的区域。

14. 雕刻身体底部的毛发。

15. 在成形的后爪上画出脚趾的线条。

脚趾的轮廓会更加明显。此外，用 5/32 英寸（4 毫米）的圆头刀头钻取绳孔，并使两个绳孔连通。具体做法详见第 75~76 页。

切下

在雕刻身体底部毛发之前，先用弓锯将蝙蝠从中央木块上切下（步骤 18），然后用 3/16 英寸（5 毫米）的 5 号圆口凿雕刻出尾巴的外部轮廓，并完成内部的雕刻（步骤 19 和步骤 20）。最后，完成后爪正面的脚趾细节的雕刻（步骤 21）。

收尾

剩下需要完成的是雕刻身体底部的毛发，然后打磨整理毛发线条的松散末端，制作签名，最后用利波伦牌透明抛光蜡对整件作品进行抛光。蜡会沉积在毛发线条切口的底部，使其看起来更加清晰。同时，经过抛光后，高点处会更为光亮，使作品显得栩栩如生。

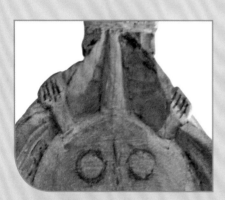

16. 画出脚趾的线条。

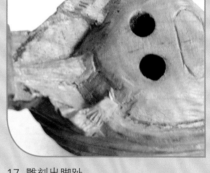

17. 雕刻出脚趾。

18. 将蝙蝠从主体木块上切下后的后视图。

19. 雕刻翅膀末端和尾巴。

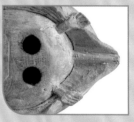

20. 雕刻完成的尾巴底部。

21. 雕刻出后爪正面的脚趾细节。

从不同角度拍摄的蝙蝠成品效果图

4. 作者收藏

创作自己的根付

在开始雕刻根付之前，你最好能够在脑海中形成雕刻对象的清晰画面，所有细节都要清楚。

在你建立足够的自信之前，复制现有的根付作品是不错的选择，因为你可以直观地看到根付的三维立体效果和所有细节。大师雕刻的根付真品往往价格昂贵，但用树脂浇铸的作品或者木质仿品，以及用象牙果雕刻的根付都很便宜。或者，如果你有强烈的意愿设计属于自己的作品，可以绘制设计草图。我有一个硬皮本子，专门用来记录想要雕刻的根付设计草图和创意想法。

在接下来的内容里，我会介绍23件我自己复制的根付作品。因为野生动物一直是我喜欢的题材，所以你会看到，绝大部分作品都是野生动物主题的。许多设计来源于日本传统的根付题材，还有一些是基于现代化理念设计的作品。展示的作品大多数为近似圆形的形雕根付。

在介绍每件作品时，我都附上了我自己绘制的草图和从不同角度拍摄的成品照片。由于我在雕刻过程中对某些作品进行了些许调整，所以最终的成品图与草图并不完全一致。希望你能将这些草图和照片结合起来使用，获得足够的参考信息，以独立完成雕刻。如果你愿意，可以在开始雕刻之前制作一个根付模型，帮助你更直观地了解作品的造型。

我还会简要地介绍每件作品设计背后的灵感和故事、使用的材料以及雕刻过程中用到的技术，这些技术的页面信息也被列出，方便你回顾学习。此外，我还提供了每件作品的精确测量尺寸。

所有作品中用到的工具

所有工具的介绍详见第 2~5 页。接下来要介绍的是最常用到的工具。

- $\frac{1}{16}$ 英寸（1.5 毫米）的 U 形凿
- $\frac{5}{32}$ 英寸（4 毫米）的 9 号圆口凿
- $\frac{1}{16}$ 英寸（1.5 毫米）的 V 形凿
- $\frac{1}{4}$ 英寸（6 毫米）的 7 号圆口凿
- $\frac{3}{16}$ 英寸（5 毫米）的 5 号圆口凿
- $\frac{1}{16}$ 英寸（1.5 毫米）的 1 号直边平口凿
- $\frac{3}{32}$ 英寸（2.5 毫米）的 7 号圆口凿
- $\frac{1}{8}$ 英寸（3 毫米）的 10 号圆口凿
- $\frac{1}{4}$ 英寸（6 毫米）的 9 号圆口凿
- 浮雕工具
- 锥钻

猫头鹰

作品构思

　　这件作品诠释了我对经典的日本猫头鹰根付造型的理解。猫头鹰的翅膀以一种激进的姿态弯折越过头顶，使它看上去更加威猛。下面的成品与草图略有不同。木材的纹理沿根付纵向延伸，如果按照草图雕刻，细小的爪子很容易折断，因此，我把爪子雕刻得更为粗壮。同时在猫头鹰爪子的后面还藏了一只小老鼠以增加趣味性。

技术运用

　　我决定使用黄杨木来雕刻这只猫头鹰，用仿象牙和水牛角来制作它的眼睛。

　　在雕刻和打磨完成后，我将猫头鹰染成了咖啡色。染色完成后再次打磨，确保染料保留在羽毛的低点处，高点处则显示出黄杨木的本来颜色。

　　最后，我在作品底部钻取了两个绳孔。

材料：

- 黄杨木、梨木或苹果木
- 珍珠和琥珀，或者仿象牙和水牛角，用来制作眼睛

技术链接：

- 制作和镶嵌眼睛（详见第34~40页）
- 雕刻羽毛（详见第49~50页）
- 钻绳孔（详见第75~76页）

作品尺寸：宽度 1⅝ 英寸（41 毫米），高度 2 英寸（51 毫米），
深度 1⁹⁄₁₆ 英寸（40 毫米）

● 简单
● 中等难度
● 高难度

睡鼠

作品构思

我定期在位于西萨塞克斯郡（West Sussex）的皇家植物园（邱园）威克赫斯特分园中做志愿导游服务，那里经常有棕红色的睡鼠出没。睡鼠属于英国的濒危物种，我们尽自己所能给它们创建适宜的栖息环境，包括制作竖立的冬眠箱，以帮助它们生存繁衍。一位管理员拍摄了三只冬眠睡鼠的照片，并且其中一张赢得了摄影大奖。我因此获得灵感，便以睡鼠为原型，雕刻了一只将长长的尾巴盘在脑袋上的睡鼠。

技术运用

我选用黄杨木来雕刻睡鼠，并在身体和尾巴大致成形后，用水牛角制作并镶嵌了眼睛。同时，我花费了不少时间在木材表面绘制毛发，以形成两种不同的效果：蓬松的尾毛和较短的体毛。我使用 $1/16$ 英寸（1.5 毫米）的 V 形凿在尾巴部位雕刻出中等长度的刻痕，在身体部位则雕刻出非常短的直线刻痕。最后，用咖啡色的织物染料给作品整体上色，并打磨掉高点处的染料，保留下低点处沉积的染料。

材料：

· 黄杨木
· 水牛角，用来制作眼睛

技术链接：

· 制作和镶嵌眼睛（详见第 34~40 页）
· 雕刻毛发（详见第 45~46 页）

作品尺寸：宽度 1⅜ 英寸（35 毫米），高度 1⅜ 英寸（35 毫米），
深度 1³⁄₁₆ 英寸（30 毫米）

- 简单
- 中等难度
- 高难度

刺猬

作品构思

有一年秋天，我看到一只刺猬在庭院里游荡，我猜想它一定是在筑巢，为冬眠做准备。灵光乍现，我认为这是一个不同寻常的根付题材，所以画下了一只正在收集树叶的刺猬的草图。

我决定使用黄杨木来雕刻这件作品，并将底座雕刻成多片橡树叶堆积起来的形状，使作品整体看起来就像是刺猬在用它的前脚收集橡树叶。

技术运用

我使用 $1/16$ 英寸（1.5 毫米）的V 形凿在刺猬背部雕刻短而直的线条，以此来表现刚硬的刺。然后，我用"麻雀啄食"的技术雕刻橡树叶之间的缝隙，使树叶看起来更有立体感。之后，我用深色的仿古松蜡处理作品。低点处由于残留了一些蜡颜色偏暗，而高点处经过抛光后会很光亮，从而形成鲜明的对比。作品底部留有足够的空间来制作签名和日期，并钻取绳孔。

材料：

- 黄杨木
- 水牛角，用来制作眼睛

技术链接：

- 雕刻毛发（详见第 45~46 页）
- "麻雀啄食"（详见第 44 页）
- 制作和镶嵌眼睛（详见第 34~40 页）
- 上蜡（详见第 68~69 页）
- 钻绳孔（详见第 75~76 页）

作品尺寸：宽度 1⅛ 英寸（48 毫米），高度 1⅝ 英寸（41 毫米），
深度 1³⁄₁₆ 英寸（30 毫米）

● 简单
● 中等难度
● 高难度

伞菌

作品构思

日本根付雕刻师使用各种材质创作了多种类型的伞菌作品，并习惯以成组的方式进行雕刻。我曾经在一本书中看到一组用象牙雕刻的小巧的伞菌作品，我特别喜欢它们。它们是那么精致小巧，以至于我忍不住用木材雕刻了一组属于我自己的伞菌作品。为了把一组伞菌作品连在一起，我选择从外部的柄着手，慢慢雕刻至底座内部，与中间最大的伞菌连接在一起。

技术运用

我先绘制了这组伞菌的草图，然后用一块塔斯马尼亚侯恩松木进行雕刻。为了避免在开始雕刻时头绪混乱，我将所有伞菌的不同视角图都画在了木料表面。这样，在开始雕刻时，每个伞菌的位置都清晰可辨。

绳孔不需要专门钻取，因为伞菌之间的孔隙足够大，可以作为绳孔使用。

材料：

· 黄杨木，或者其他木材

技术链接：

· 雕刻毛发（详见第 45~46 页）
· 制作签名（详见第 72~73 页）

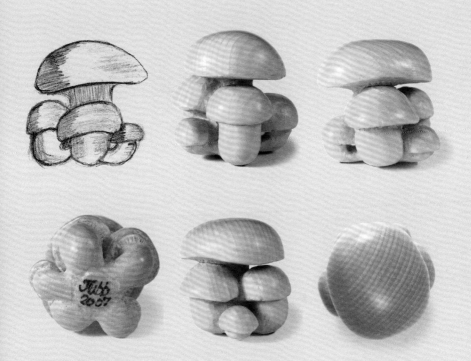

作品尺寸：宽度 1¼ 英寸（32 毫米），高度 1³/₁₆ 英寸（30 毫米），
深度 1³/₈ 英寸（35 毫米）

● 简单
● 中等难度
● 高难度

大黄蜂

作品构思

这是我雕刻过的少数万寿根付之一，它的背后有个悲伤的故事。我的一个好朋友病重，请我为她的女儿雕刻一只大黄蜂。因为在她女儿年幼时，每逢考试都会带一个塑料材质的大黄蜂作为护身符，可惜后来丢失了。雕刻完成后，我马上把大黄蜂送到她的手中，然后她将大黄蜂交给了她的女儿。女儿很快意识到这个大黄蜂的意义，瞬间泪如雨下。几天后，我的朋友去世，她的女儿则一直将大黄蜂随身携带。

技术运用

这件作品使用黄杨木雕刻。我将大黄蜂雕刻在玫瑰形的碗状底座上，并让大黄蜂双翅展开搭在玫瑰花瓣的边缘。然后用 1/16 英寸（1.5 毫米）的 V 形凿在大黄蜂的背部凿刻出短线条，形成类似短毛的效果。接下来，我用水牛角制作眼睛，用黑色墨汁为腿部和背部的黑色区域上色。对于翅膀脉络，同样用 1/16 英寸（1.5 毫米）的 V 形凿进行雕刻，并用黑色墨汁上色。最后在根付的底部钻出两个绳孔。

材料：

- 黄杨木
- 水牛角，用来制作眼睛
- 黑色墨汁，用来给腿部、背部和翅膀脉络上色

技术链接：

- 制作和镶嵌眼睛（详见第 34~40 页）
- 雕刻毛发（详见第 45~46 页）
- 钻绳孔（详见第 75~76 页）

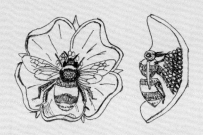

作品尺寸：宽度 $1^9/_{16}$ 英寸（40 毫米），高度 $1^9/_{16}$ 英寸（40 毫米），
深度 $^{23}/_{32}$ 英寸（18 毫米）

鹦鹉螺

作品构思

我对这些奇怪的海洋生物非常感兴趣。鹦鹉螺形似章鱼，并且带有保护壳，它们漂流在温暖的开放海域，并能随意改变自己的浮游深度。它们的视力也很好，可以通过伸缩触手来捕捉眼前的猎物。在看到休·赖特雕刻的奇妙鹦鹉螺作品后，我被其小巧的造型、丰富的色彩所触动，开始雕刻自己的鹦鹉螺作品。通过这件作品，我还积累了为彼此靠近的区域染色的经验。

技术运用

在添加最后的雕刻细节时，我在眼部上方区域运用了日式浮雕法，然后用水牛角制作眼睛，并将瞳孔下方的弧形细长条染成银色，再用遮蔽液将保护壳表面涂抹均匀，留出待上色区域。接下来用热水涂抹待上色区域，并在几分钟后涂抹染料。将根付静置过夜，去除遮蔽液涂层后，对甲壳和触角周边区域进行染色。待其晾干，打磨掉高点处的颜色，并对整体打蜡抛光。

材料：

· 黄杨木
· 水牛角，用来制作眼睛
· 遮蔽液
· 染料和黑色墨汁

技术链接：

· 制作和镶嵌眼睛（详见第34~40页）
· 上色（详见第64~71页）
· 日式浮雕法（详见第42~43页）
· 钻绳孔（详见第75~76页）

作品尺寸: 宽度 1¾ 英寸（44 毫米），高度 1⁹/₁₆ 英寸（40 毫米），
深度 ⅞ 英寸（22 毫米）

● 简单
● 中等难度
● 高难度

兔子

作品构思

兔子是早期的日本根付雕刻师喜欢的雕刻题材，可以是单只兔子，也可以是成组的作品。一只因为跳蚤而浑身抓挠的兔子造型是我最喜爱的雕刻主题之一。我喜欢这件作品的风趣，从兔子的表情可以看出，它在摆脱恼人的跳蚤之后无比惬意。这件作品的雕刻过程很简单，可以作为初学者的练手题材。

技术运用

我选用冬青木来雕刻这件作品。我从两个方向入手对其进行雕刻，然后用水牛角制作并镶嵌眼睛。在用微网牌砂纸打磨后，用透明的中性鞋油对其进行抛光处理。经过反复擦拭和抛光后，整件作品会散发出闪亮的光泽，显得非常可爱。因此，我决定不再雕刻兔毛，而是保留这种光滑的表面。

材料：

• 冬青木、黄杨木或其他木材
• 水牛角，用来制作眼睛

技术链接：

• 制作和镶嵌眼睛（详见第34~40页）
• 收尾（详见第72~74页）
• 钻绳孔（详见第75~76页）

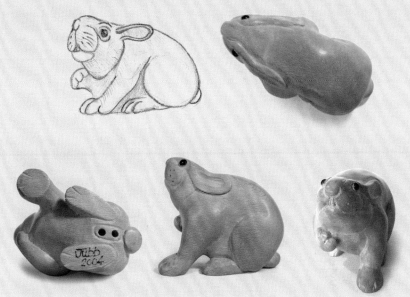

作品尺寸：宽度 1⅞ 英寸（48 毫米），高度 1⁹⁄₁₆ 英寸（40 毫米），
深度 1¹⁄₃₂ 英寸（26 毫米）

● 简单
● 中等难度
● 高难度

鸭嘴兽

作品构思

有一次我在堪培拉附近的一个自然保护区愉快地散步，一只浮出湖面的鸭嘴兽吸引了我驻足观赏。几年后，我的弟弟从澳大利亚带回来一只小型青铜挂件，是熟睡的鸭嘴兽造型，我借来作为雕刻根付的参考。

鸭嘴兽是一种奇特的动物。它有像鸭子一样的喙，身体表面覆盖着柔软的皮毛，还有脚蹼和锋利的爪子。它还有海狸一样的尾巴，不同之处在于，它的尾巴覆盖着皮毛。

技术运用

我先绘制了不同角度的鸭嘴兽视图，并切下一块尺寸足够大的球形黄杨木坯料，再将鸭嘴兽的侧视图绘制在球形表面。先粗雕出鸭嘴兽的轮廓，接下来画出正视图继续雕刻。随着根付的整体成形，再精雕鸭嘴兽的头部、喙部、腿部、足部和尾巴。然后对整体进行打磨，并用 $1/16$ 英寸（1.5 毫米）的 V 形凿凿切出短刻痕制作毛发。用黑色墨汁在上下眼睑之间的区域上色，使头部看起来更醒目。最后用仿古松蜡整体抛光，使皮毛更显光滑。

材料：

- 黄杨木
- 黑色墨汁用来给眼睛上色

技术链接：

- 雕刻毛发（详见第 45~46 页）
- 上蜡（详见第 68~69 页）
- 钻绳孔（详见第 75~76 页）

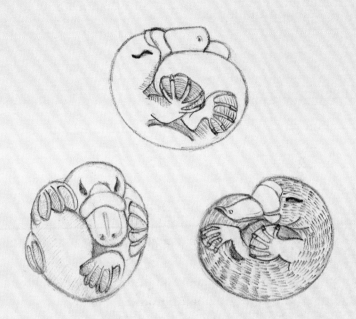

作品尺寸：宽度 1¾ 英寸（44 毫米），高度 1⁷⁄₁₆ 英寸（37 毫米），
深度 1⁷⁄₁₆ 英寸（37 毫米）

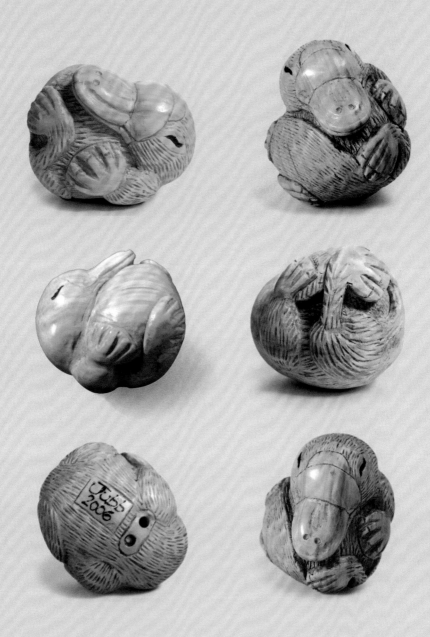

简单 ●
中等难度 ●
高难度 ●

大鼠和小鼠

作品构思

在日本神话中，鼠是十二生肖中最受尊敬的形象之一，早期的日本雕刻师常常以此作为雕刻的题材。有时，作品被雕刻成包含多只鼠的球形样式，有时则是一只鼠啃食藤条篮子或蜡烛的形象。我最喜欢的造型是抓耳朵的小鼠，这是我最早雕刻的作品，也是令我对此题材着迷的一件作品。

通常，人们对大鼠的重视程度并不高，所以我稍微调整了设计，使它看起来更像一只小鼠。其中一个主要的区别是，大鼠的尾巴是分节的，而小鼠则不是。我用黄杨木、梨木、苹果木和其他木材雕刻了一些鼠根付，它们真的很受欢迎。

技术运用

这两页的草图和照片分别展示了黄杨木小鼠和梨木大鼠。它们的眼睛是用水牛角制作并镶嵌的。它们也是雕刻短毛发的不错的练习。

两件作品都使用了颜色较深的蜡进行抛光，以突显毛发的色泽对比效果。

材料：

• 黄杨木、梨木、苹果木或其他木材
• 水牛角，用来制作眼睛

技术链接：

• 制作和镶嵌眼睛（详见第34~40页）
• 雕刻毛发（详见第45~46页）
• 上蜡（详见第68~69页）

黄杨木小鼠

作品尺寸（同时适用梨木大鼠）：宽度 1½ 英寸（38 毫米），高度 1½ 英寸（38 毫米），深度 1½ 英寸（38 毫米）

梨木大鼠

● 简单
● 中等难度
● 高难度

乌贼

作品构思

　　乌贼是另一种神奇的生物。它是游泳健将，也是视力绝佳的捕猎高手。乌贼可以快速改变肤色以融入周围环境。一般情况下，它们会呈现出类似斑马的皮肤图案，这也是雕刻乌贼根付作品的难点所在。为了完成这件不同寻常又具有挑战性的雕刻，我详细绘制了各个角度的乌贼图样。

技术运用

　　我选用冬青木来雕刻乌贼，因为冬青木颜色较浅，正好能与深色的皮肤斑纹形成对比。为了获得背部的条纹效果，我使用 1/16 英寸（1.5毫米）的 U 形凿雕刻出条纹图案，然后在刻痕中填充黑色硬蜡。同时，我将乌贼背部外围和双眼之间的区域用日式浮雕法雕刻了一些小的隆起。最后，用水牛角制作并镶嵌乌贼的眼睛。

材料：

· 冬青木
· 水牛角，用来制作眼睛
· 黑色硬蜡棒

技术链接：

· 制作和镶嵌眼睛（详见第 34~40 页）
· 日式浮雕法（详见第 42~43 页）
· 上蜡（详见第 68~69 页）
· 钻绳孔（详见第 75~76 页）

尺寸大小: 宽度 2⅜ 英寸（60 毫米），高度 ⅝ 英寸（16 毫米），
深度 1³/₁₆ 英寸（30 毫米）

蜗牛

作品构思

大多数人不喜欢蜗牛，但早期的日本根付雕刻师创作了很多蜗牛作品，有单独的蜗牛，也有蜗牛爬在树叶或其他类似物体上的。虽然我不喜欢蜗牛在我的花园里造成的破坏，但我仍然觉得它们是令人惊叹的生物。

技术运用

我选用了南美巴西杉木的一块木瘤来雕刻这只蜗牛。因为巴西杉木质地坚硬，所以雕刻蜗牛壳上的平行线条是非常困难的。为了确保蜗牛造型的完整性，我修改了原始的设计。蜗牛的身体和眼睛被包裹在壳内，以指示蜗牛的行进方向，同时也使蜗牛作品看起来更为小巧紧致。

材料：
• 巴西杉木、黄杨木、粉红象牙木或象牙果

技术链接：
• 雕刻贝壳（详见第 51~53 页）
• 钻绳孔（详见第 75~76 页）

作品尺寸：宽度 2 英寸（51 毫米），高度 2 英寸（51 毫米），深度 2 英寸（51 毫米）

双峰驼

作品构思

骆驼是一种神奇的动物，能够在缺少食物和水的沙漠环境中生存。我曾在中国北方见过双峰驼，那是一次奇妙的邂逅。后来我看到一件制作精美的、用树脂浇铸的骆驼工艺品并将其买下，然后用木料对它进行再创作。这件工艺品的驼毛制作得十分精细，我很想知道，是否能在微型雕刻品上复制出同样的效果。骆驼四腿弯曲卧下，显得非常平和，与我见过的许多性情乖戾、脾气暴躁的骆驼明显不同。

技术运用

我将骆驼的轮廓线绘制在黄杨木坯料表面，首先粗切出骆驼的轮廓，然后着手雕刻。在雕刻骆驼身上的卷曲驼毛时，需要使用 $1/16$ 英寸（1.5 毫米）的 V 形凿，并在起刀和收刀时严格控制力度，以防线条出现偏差。然后，我将整件作品表面染成咖啡色，并轻轻打磨掉高点处的染料。至于眼睛，我选用仿象牙和水牛角进行制作并完成镶嵌。

材料：

- 黄杨木
- 仿象牙和水牛角，用来制作眼睛

技术链接：

- 制作和镶嵌眼睛（详见第 34~40 页）
- 雕刻毛发（详见第 45~46 页）
- 上色（详见第 64~71 页）
- 钻绳孔（详见第 75~76 页）

作品尺寸：宽度 1⅞ 英寸（48 毫米），高度 1³/₁₆ 英寸（30 毫米），
深度 ⅞ 英寸（22 毫米）

简单
中等难度
高难度

公牛

作品构思

牛也是十二生肖中的一种动物，同样是常见的雕刻题材。这种动物在传统上是用来耕地的，因此很受重视。虽然它体形强壮，但生性温和，容易驯服。我要雕刻的是一只正在休憩的公牛，以同时展示它的力量和温和。

技术运用

首先，我绘制了一些不同角度的草图，并最终找到了能够突显公牛力量与温和的结合点。然后，我选用黄杨木进行雕刻，并将作品染成咖啡色。最后，打磨掉高点处的染料，使其与低点处的深色形成鲜明对比。

材料：

- 黄杨木
- 仿象牙和水牛角，用来制作眼睛

技术链接：

- 制作和镶嵌眼睛（详见第 34~40 页）
- 雕刻毛发（详见第 45~46 页）
- 上色（详见第 64~71 页）

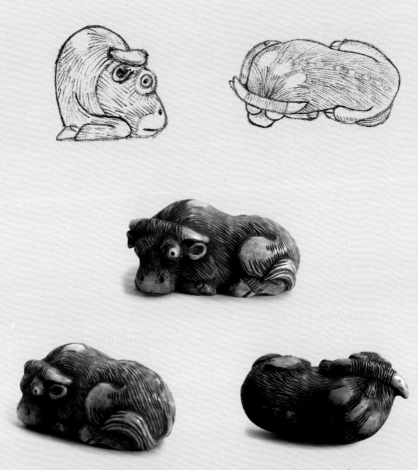

作品尺寸：宽度 2⁵⁄₁₆ 英寸（59 毫米），高度 1³⁄₁₆ 英寸（30 毫米），
深度 1³⁄₁₆ 英寸（30 毫米）

雄山羊

作品构思

羊是十二生肖中的另一种标志性动物，传统的日本根付雕刻常常以此为题材。各种姿态的羊，或者羊与孩童的成组雕刻最为常见。我在一本书中看到一只嘶吼的雄山羊，于是决定以此为题材进行雕刻。它的长毛是这件作品雕刻的难点所在。

技术运用

因为长毛是这件作品最重要的雕刻部分，所以我用铅笔将所有长毛一根一根地绘制在木料表面，然后用 1/16 英寸（1.5 毫米）的 V 形凿雕刻出每根长毛的线条。我每次只专注于一小片区域，这样可以避免将其他区域的铅笔线条蹭掉。然后，我用仿象牙和水牛角制作眼睛并完成镶嵌。因为山羊的双腿之间形成了天然的开孔，所以不需要专门钻取绳孔。

材料：
- 黄杨木
- 仿象牙和水牛角，用来制作眼睛

技术链接：
- 制作和镶嵌眼睛（详见第 34~40 页）
- 雕刻毛发（详见第 45~46 页）

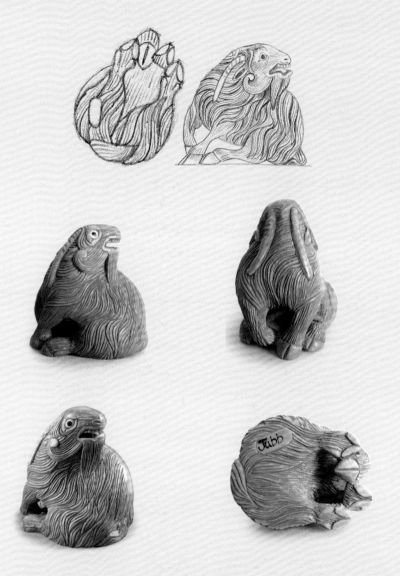

作品尺寸: 宽度 1¾ 英寸（44 毫米），高度 1¹¹⁄₁₆ 英寸（43 毫米），
深度 1⁷⁄₃₂ 英寸（31 毫米）

● 简单
● 中等难度
● 高难度

鼹鼠

作品构思

几年前，我有机会在我的花园里近距离观察一只鼹鼠。它长得很漂亮，皮毛光滑柔软，前爪粗壮，适合掘土。我画了一系列的鼹鼠草图，最后选择了鼹鼠蜷缩起来的球形整体造型进行雕刻。如下图所示，鼹鼠整体蜷缩，双腿和尾巴紧贴身体，因此在雕刻时不会出现容易断裂的部位。

技术运用

我选用东非黑黄檀木来雕刻鼹鼠，因为它的黑色比乌木更为均匀。虽然东非黑黄檀木质地坚硬很难雕刻，但它抛光后的效果非常好，光滑度和亮度非常接近真实的鼹鼠皮毛。用水牛角雕刻鼹鼠的效果也不错，因为水牛角也是黑色的，抛光后的效果也很逼真。为了获得预期的光亮效果，我使用了不同等级的砂纸以及微网牌砂磨棒上的全部 4 个等级的砂纸进行打磨，最后的打磨目数达到 12000 目。

材料：

· 东非黑黄檀木、乌木或水牛角

技术链接：

· 收尾（详见第 72~74 页）
· 钻绳孔（详见第 75~76 页）

作品尺寸：宽度 1¾ 英寸（44 毫米），高度 2³/₁₆ 英寸（56 毫米），
深度 1⁷/₁₆ 英寸（37 毫米）

兔子和乌龟

作品构思

　　龟兔赛跑是著名的伊索寓言故事。我的目标是雕刻出乌龟春风得意和兔子沮丧而又愤怒的表情。我还在乌龟的下巴下方雕刻了一条终点线条带，来表示它赢得了比赛。

　　我依旧选用黄杨木进行雕刻，因为黄杨木能很好地展现细节线条。木材纹理沿兔子的身长方向延伸，以确保兔子的双腿不会出现易于断裂的短纹理，同时可以把兔子牢牢固定在龟壳上。

技术运用

　　我在乌龟身体上雕刻出各种隆起，并将隆起间的缝隙清理干净，然后用"麻雀啄食"技术处理缝隙处。我用 1/16 英寸（1.5 毫米）的 V 形凿雕刻龟壳上的小块区域，制作出生长环。对于兔毛的雕刻，我使用同样的 V 形凿雕刻出一系列的短刻痕，使其整体看起来均匀光滑。乌龟和野兔的眼睛都是用仿象牙和水牛角制作并镶嵌的。最后用仿古松蜡对整件作品进行抛光，使部分蜡留存在低点处，以突显细节。

材料：
- 黄杨木
- 仿象牙和水牛角，用来制作眼睛
- 仿古松蜡

技术链接：
- 雕刻毛发（详见第 45~46 页）
- 雕刻隆起（详见第 41~43 页）
- 制作和镶嵌眼睛（详见第 34~40 页）
- "麻雀啄食"（详见第 44 页）

作品尺寸：宽度 3 英寸（76 毫米），高度 $2^3/_{16}$ 英寸（56 毫米），
深度 $1^9/_{16}$ 英寸（40 毫米）

马

作品构思

多年前，我在香港工作时买了一件精美的象牙马根付，那时候象牙买卖还未被禁止。那是一天晚上，我在香港的街上散步，恰巧注意到众多象牙雕刻品广告牌中的一个小招牌。我走进小店，看到唯一的根付商品是一只小马。我被这只小马深深吸引，它个性鲜明，散发着独特的魅力。我将这件根付作为雕刻的参考，并且绘制了一系列的草图，以便于从各个角度来了解它的造型。

技术运用

像许多根付一样，这只马看起来很容易雕刻，而成功雕刻的关键是正确设置所有身体部位的比例，并在整个雕刻过程中不断检查各部位的尺寸。在某些区域，还需要重新绘制主要的特征线条，以确保所有特征线条都处于正确的位置。

我选用侯恩松木来雕刻主体，用仿象牙和水牛角来制作眼睛并完成镶嵌。

材料：
• 侯恩松木、黄杨木、冬青木或其他木材
• 仿象牙和水牛角，用来制作眼睛

技术链接：
• 制作和镶嵌眼睛（详见第 34~40 页）
• 钻绳孔（详见第 75~76 页）

作品尺寸：宽度 1⁷⁄₁₆ 英寸（37 毫米），高度 1¼ 英寸（32 毫米），
深度 ¹⁵⁄₁₆ 英寸（24 毫米）

蟾蜍

作品构思

许多人觉得蟾蜍和青蛙很丑陋，但我认为，它们个性十足，且雕刻的过程令人愉悦。我用各种材料（包括黄杨木、象牙和孔雀石等）雕刻了很多全尺寸作品，以及几只根付蟾蜍。这只蟾蜍比较特殊，是只黄条背蟾蜍，其背部中央贯穿有一条凸起的脊，其他类型的蟾蜍没有这个特征。

技术运用

这件蟾蜍用黄杨木雕刻而成，眼睛则是用仿象牙和水牛角制作并完成镶嵌的。也可以使用彩色树脂或其他彩色木材来制作眼睛。蟾蜍身体表面布满了隆起，隆起周围采用"麻雀啄食"技术进行处理，最后使用仿古松蜡处理整件作品。在"麻雀啄食"形成的凹坑里会残留一些蜡，使其看起来颜色更暗，从而使隆起更为凸出。

材料：

· 黄杨木，或者其他木材
· 仿象牙和水牛角，用来制作眼睛
· 仿古松蜡

技术链接：

· 制作和镶嵌眼睛（详见第34~40页）
· 雕刻隆起（详见第41~43页）
· "麻雀啄食"（详见第44页）
· 上蜡（详见第68~69页）

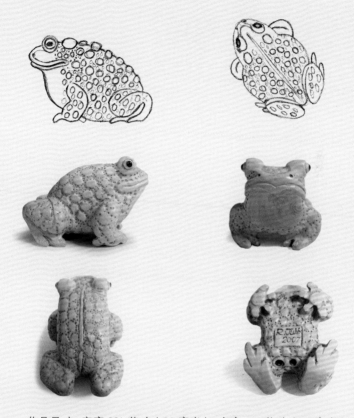

作品尺寸：宽度 2⅜ 英寸（60 毫米），高度 1⅜ 英寸（35 毫米），
深度 1⁹⁄₁₆ 英寸（40 毫米）

● 简单
● 中等难度
● 高难度

乌龟

作品构思

我已经雕刻了很多全尺寸的乌龟作品，这次决定创作一只不同以往的微型乌龟。考虑到需要使用镶嵌工艺制作龟壳，这件乌龟根付的设计尺寸较大。先用黄杨木制作乌龟的主体，并选用小块的深色毒豆木来制作龟壳上的镶嵌部件，以形成鲜明的颜色对比效果。

技术运用

在雕刻之前，我先在龟壳表面画出各个分段部件的轮廓线，然后沿每个部件的轮廓线切入，雕刻出凹槽，再将雕刻成形的每块毒豆木部件放入凹槽中，直至两者完全贴合。用胶水胶合毒豆木部件，然后对每个部件的表面进行修整，使其更显圆润。最后，用仿象牙和水牛角制作眼睛并完成镶嵌。

材料：

- 黄杨木
- 毒豆木和胡桃木，用来制作镶嵌部件
- 仿象牙和水牛角，用来制作眼睛

技术链接：

- 制作和镶嵌眼睛（详见第34~40页）
- 镶嵌（详见第54~57页）
- 钻绳孔（详见第75~76页）

作品尺寸: 宽度 2¾ 英寸（70 毫米），高度 1⁹⁄₁₆ 英寸（40 毫米），
深度 1¹¹⁄₁₆ 英寸（43 毫米）

● 简单
● 中等难度
● 高难度

鲤鱼

作品构思

在我年少时，经常去捕捉鲤鱼，所以见识过它们的狡猾和力量。有一次，我整晚都在钓鱼，在我几乎要睡着的时候，一条大鱼出乎意料地咬住了鱼钩，令我突然惊醒。日本人对鲤鱼的崇拜之情在众多日本艺术形式中均有体现，其中就包括根付。我在经典鲤鱼根付造型的基础上设计了一件镜面根付，并使其尾巴向前卷曲与胸鳍相连。为了提升作品的效果，我对鱼鳞进行了镀金处理。

技术运用

为了使鲤鱼的眼睛更为灵动，我在钻出眼窝后对其进行了镀金处理，然后插入小块的琥珀销钉制作眼睛，并在琥珀上钻了一个小孔，在小孔内涂抹黑色墨汁制成瞳孔。这样经过抛光处理后的琥珀眼睛在灯光的照射下会闪闪发光。眼睛很小，因此有一定的制作难度，需要耐心并多次尝试才能成功。鱼尾巴和胸鳍之间的天然开口可以用来穿绳子，因此不需要单独钻取绳孔。

材料：

- 黄杨木
- 琥珀，或者仿象牙和水牛角，用来制作眼睛
- 镀金清漆，用来给眼窝和鱼鳞镀金
- 黑色墨汁

技术链接：

- 制作和镶嵌眼睛（详见第34~40页）
- 雕刻鳞片（详见第47~48页）
- 镀金（详见第70~71页）

作品尺寸：宽度 2³/₁₆ 英寸（56 毫米），高度 1⁹/₁₆ 英寸（40 毫米），
深度 1³/₄ 英寸（44 毫米）

● 简单
● 中等难度
● 高难度

蓝龙

作品构思

日本神话中有许多关于龙及其他奇怪生物的故事，它们同样是早期根付雕刻师的雕刻题材。下面这件特别的根付是我自己设计的作品之一。在我去新西兰旅行时，偶然购买了几本关于骨雕和玉雕的书。其中有一个特别的造型吸引了我，成为我设计蓝龙的灵感源头。

我开始在这个玉雕造型的基础上进行尝试，为其添加了头部和脚，创作出了蓝龙的造型。在旅途中，我还购买了一些鲍鱼壳，并用这种材料对龙体进行镶嵌处理，以丰富作品的色彩。

技术运用

我用黄杨木来雕刻龙身，用仿象牙和水牛角来制作眼睛，用鲍鱼壳为卷曲的身体进行镶嵌处理。先将鲍鱼壳切成小段，再将它们放入凿切好的凹槽中检验贴合度，然后根据需要用固定在多功能型电动工具上的小号刀头修整片段的形状。雕刻过程中需要努力控制刀具，以防止其在鲍鱼壳的表面打滑。切割大小合适并互锁的鲍鱼壳片段很耗时间，但想要雕刻出好的作品就不能操之过急。如果你愿意，也可以使用不同颜色的木皮、珍珠母贝或者彩色树脂片进行镶嵌处理。将这些材料切成薄片，并加工成与凹槽匹配的形状即可。

我画的玉雕草图　　　　　从玉雕草图发展成形的蓝龙草图

作品尺寸：宽度 2⁹⁄₁₆ 英寸（65 毫米），高度 2 英寸（51 毫米），
深度 1½ 英寸（38 毫米）

材料：

• 黄杨木
• 鲍鱼壳、彩色树脂、珍珠母贝或
　木皮
• 仿象牙和水牛角，用来制作眼睛

技术链接：

• 制作和镶嵌眼睛（详见第 34~40 页）
• 镶嵌（详见第 54~57 页）

企鹅

作品构思

在观看关于企鹅的野生动物题材的电影时，我惊叹于企鹅在水下活动时的速度和敏捷性。我想象着企鹅捕鱼的样子，随手画了几张企鹅在水下全速转弯追捕鱼群的草图。我想到了运用日本人表现水中运动的一种独特的雕刻技法。在照片中，你可以看到水流的效果如何被成功应用以及如何将众多雕刻元素组合在一起，一群鱼在前面游动，两只企鹅紧随其后，它们的翅膀和脚都指向身后，鱼群和企鹅通过浪花连接为一体。

技术运用

这件根付的雕刻难度为高难度，我同样选用黄杨木进行雕刻，因为黄杨木能在不破坏木料的情况下雕刻出水纹的效果。我用 1/16 英寸（1.5 毫米）的 V 形凿雕刻出很短的刻痕，用来表示企鹅坚硬而耐水的羽毛。然后用仿象牙和水牛角制作企鹅的眼睛，用水牛角来制作鱼的眼睛。企鹅的喙和脚被染成粉红色，身体背侧被染成黑色，浪花的间隙被染成蓝色。

材料：

- 黄杨木
- 仿象牙和水牛角，用来制作眼睛
- 各种染料

技术链接：

- 制作和镶嵌眼睛（详见第 34~40 页）
- 雕刻羽毛（详见第 49~50 页）
- 上色（详见第 64~71 页）
- 钻绳孔（详见第 75~76 页）

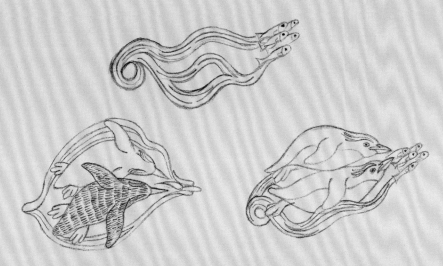

作品尺寸：宽度 2⁹⁄₁₆ 英寸（65 毫米），高度 2 英寸（51 毫米），
深度 1½ 英寸（38 毫米）

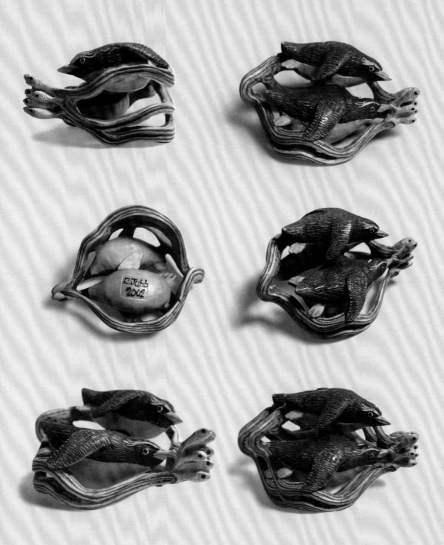

● 简单
● 中等难度
● 高难度

蓝环章鱼

作品构思

　　章鱼是非常机智的生物，能够通过隐身和伪装来捕捉猎物。分布于日本和澳大利亚的蓝环章鱼让我惊叹。蓝环章鱼个头不大，却属于剧毒生物之一。当它愤怒并准备发动攻击时，身上的蓝色环线就会出现。

　　早期的日本根付雕刻师也很喜欢章鱼，并会雕刻章鱼和采珍珠少女的组合根付。蓝环章鱼这件作品中的蓝色环线使用蓝色树脂镶嵌制作。当它出现在合适的灯光下时，会产生引人注目的蓝色光环。

技术运用

　　我使用日式浮雕技术来雕刻章鱼眼睛前方的隆起，用蓝色树脂销钉制作并完成蓝色环线的镶嵌，之后将这些销钉顶部打磨成穹顶形。同时，为了使表面呈现出一种不同的质感，如图所示，我用一把小直径的刀头在章鱼表面钻了很多很浅的凹坑。同时需要注意章鱼身上奇特斑点的处理。

材料：

- 黄杨木或冬青木
- 仿象牙和水牛角，用来制作眼睛
- 蓝色树脂

技术链接：

- 制作和镶嵌眼睛（详见第34~40页）
- 日式浮雕法（详见第42~43页）
- 镶嵌（详见第54~57页）
- 钻绳孔（详见第75~76页）

作品尺寸：宽度 1⁹/₁₆ 英寸（40 毫米），高度 1³/₈ 英寸（35 毫米），
深度 1³/₈ 英寸（35 毫米）

原大成品图

因为在作者收藏部分展示的作品照片数量较多，想要在短短几页篇幅中按根付原大尺寸展示所有根付照片是不可能的。考虑到这一点，这里展示了作者收藏部分的根付成品原大尺寸照片，希望可以为你的创作提供灵感。

企鹅（见第 195 页）

乌贼（见第 164 页）

伞菌（见第 150 页）

马（见第 182 页）

睡鼠（见第 146 页）

鸭嘴兽（见第 158 页）

双峰驼（见第 168 页）

鲤鱼（见第 190 页）

兔子（见第 156 页）

蟾蜍（见第 186 页）

黄杨木小鼠（见第 162 页）

蓝龙（见第 192 页）

大黄蜂（见第 152 页）

梨木大鼠（见第 163 页）

鹦鹉螺（见第 154 页）

蜗牛（见第 166 页）

猫头鹰（见第 144 页）

雄山羊（见第 174 页）

公牛（见第 171 页）

蓝环章鱼（见第 198 页）

刺猬（见第 148 页）

鼹鼠（见第 176 页）

乌龟（见第 188 页）

兔子和乌龟（见第 178 页）

5. 作品展示长廊

作品展示长廊

这章的目的是向你展示部分令人惊叹的根付作品，可以直接模仿雕刻，也希望以此激发你的创作灵感。其中一些是我自己收藏的作品，均是我雕刻或购买的，还有一些是我朋友的作品，经由他们同意拍照并将照片纳入本书中。

我个人的根付藏品

在香港购买的鼠根付
（可能由铁木雕刻而成）

在香港购买的野兔根付
（可能由铁木雕刻而成）

在香港购买的水牛角雕刻的蟾蜍根付

用黄杨木雕刻的蜗牛根付

用黄杨木雕刻的时髦小猪根付，由一位
好友赠送

用黄杨木雕刻的乌龟根付，是我早期的
根付作品之一

这件蛇缠蟾蜍根付是基于日本的传统根
付造型创作，用黄杨木雕刻而成的。小
蟒蛇的眼睛用鲍鱼壳制作和镶嵌而成，
蟾蜍的眼睛则是用象牙和水牛角制作和
镶嵌而成的。

我在一个跳蚤市场以较低的价格购得这
件根付。其造型为一只老鼠坐在藤条编
织的篮子上，一只幼鼠从篮子的另一端
探出鼻子。这件作品由黄杨木雕刻而成，
并进行了染色处理。

我用冬青木雕刻了这对打斗的獾崽，并
以东非黑黄檀木制作和镶嵌了黑色条
纹。白眼圈和耳朵用冬青木制作并镶嵌
而成，眼珠则是用水牛角制作并镶嵌的。
最后用灰蜡进行抛光，使其更加逼真。

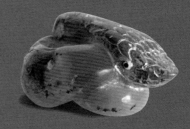

这条琥珀蛇雕刻完成后，我尝试给它镀
金，但没能成功。然而，这并不影响它
的手感和收藏价值。

我在一个小古董摊买下这件猫根付。最初我以为它是用琥珀雕刻的，但最后证实，它是用树脂雕刻的。

蟾蜍妈妈的背上背着三个蟾蜍宝宝。整件根付作品由树脂浇铸而成，但底部进行了手工雕刻和染色处理。

这是另一件我比较喜欢的蟾蜍根付，由孔雀石雕刻而成。孔雀石质地坚硬，很难雕刻，但是我喜欢它的纹理。

这只老虎是我雕刻的第一件象牙根付。老虎抓挠耳朵的造型在日本根付中是相当常见的。

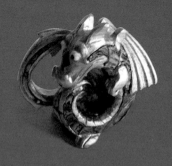

这件由黄杨木雕刻的龙，使用鲍鱼壳进行镶嵌，并经过了镀金处理，它的眼睛是用象牙和水牛角制作并镶嵌而成的。

多萝西·威尔逊的藏品

接下来的几页照片展示的是多萝西·威尔逊的藏品。我尽可能地将相似的作品归为一类，并为作品添加了注释。

这只猴子正在试图抱起一只乌龟，从底部可以看得更加清楚。它所使用的材料不好判断，极有可能是某种骨头。

从上面看，这件根付像一只乌龟。然而将它翻过来看，就变成了一个大胡子老人的造型。这件根付是用木材雕刻的，签名位于靠近大胡子老人衣服流苏的位置。

这只骆驼将前腿踏在乌龟的背上，它是用象牙雕刻而成的。

一对鸭子在池塘水面的叶子间穿梭，形成一幅生动活泼的画面。

这件根付可能是一只山羊，也可能是一只牡羊，不论是什么，都可以看出它满足的表情。它的眼睛是由绿宝石制作并镶嵌而成的。

三只聪明的猴子，形成"非礼勿视，非礼勿言，非礼勿听"的组合造型。这件作品可能是用象牙雕刻的，毛发的线条非常精细。

这只兔子看起来是用骨头雕刻的，红色的眼睛很惊人，毛发的线条雕刻得很精细，但由于尚未上墨，很难看出来。

这只老鼠咬开藤条篮子的侧面，钻进去寻找食物，然后一路狂吃，咬破篮子的另一端钻出来。

这只海象是用象牙果雕刻的，非常富有个性。

下面这组根付都是动物题材的，并且全部用象牙雕刻而成。在根付雕刻中，很少出现大象的形象，而公鸡、野猪和马则是非常常见的。

大象的背上有一只老鼠；这大概就是它怒不可遏的原因。

公鸡的羽毛线条刻痕很深，非常富有表现力。

我喜欢这匹马的构思，整体看起来很吸引人。

一只正在休息的野猪，长长的獠牙和头部后面的长鬃毛使其看上去非常威猛。

接下来的这组根付作品都是用象牙果雕刻的，并且这些都属于现代设计，尽管日本人早在 100 多年前就开始使用象牙果进行雕刻了。淡黄的颜色表明这些作品都经过了染色。

这两件充满魅力的小人物作品是从中国购买的。

这只闪亮的象牙果螃蟹展示了良好的抛光效果，螃蟹的眼睛是用水牛角制作并镶嵌而成的。

这三只小兔子趴在了部分雕刻的象牙果上，下半部分是尚未雕刻的天然坚果及其果皮。

以下这组作品是日本神话中的常见人物。

七位财神。这件组合根付似乎是用树脂制作的，也可能是用象牙整体塑造成形，然后雕刻出令人惊叹的细节。

蟾蜍仙人。仙人是神奇的存在，类似于神灵。这对蟾蜍仙人是用鹿角雕刻而成的，可能出自同一位雕刻师之手。

接下来的这组根付作品展现的是人们从事各种活动时的形象，可能是在进行贸易，也可能描绘的是日本神话故事。

第一、第二件人物作品的面部和服饰极为相似，很有可能是出自同一位雕刻师之手。

这个男人手捧一束鲜花，可能是要送给自己的妻子，也有可能是正在街上叫卖。这件作品是用象牙雕刻的，雕功精湛，细节丰富。

这个男人扛着一篮子水果，表明他是个水果摊贩。这件作品也是用象牙雕刻而成的。

这个男人正在期待一个美好的夜晚。他提着一支烟斗，想要抽烟放松，扛着一颗骰子，想要赌博娱乐，袖子上还画有年轻姑娘的画像。

以下这 3 件根付作品都是用树脂雕刻而成的。

这个人物的面容安详，双手紧握着某件东西。

这个熟睡的男人应该正在做噩梦，可以看到旁边的魔鬼伸出长长的舌头。这应该描绘的是一个日本故事。

这位书生趴在书桌上睡着了，从脸上的笑容可以得知，他正在做着美梦。

下面 4 件人物根付作品是用象牙雕刻而成的。

这位正在洗衣的妇人表情愉悦，可以明显感受到，她很享受自己的工作。

我无法确定这个男人是在端着碗吃饭还是在乞讨。

这位渔夫看起来对自己的捕捞成果非常满意。

这个男人一手握着葫芦，另一只手上还挂着一只动物，表明他要回家做大餐。

下面 2 件根付作品是日本神话中龙的形象。

这条龙是在一块球形坯料上雕刻而成的，选用的材料是乌木，眼睛是用水牛角制作并镶嵌的。雕刻师的签名在小装饰框内。

这条龙是现代的雕刻造型，选用黄杨木雕刻并经过了染色处理。它看起来非常威猛，身体盘旋扭曲，并有一个扇形的尾巴。

以下照片中雕刻的是紧固件，即佩头，用于收紧贯穿根付和印笼的绳子。这类紧固件通常尺寸很小，雕刻题材也颇为复杂。

它们的材质与根付基本相同，也可以用一些果核和坚果制作。据我所知，有一种紧固件是用坚果的壳雕刻而成的，其内部仍有坚果存在，而其他种类的紧固件则可以用坚果、果核或木材雕刻。

这件佩头是用坚果的壳雕刻而成的，并且是展示品中尺寸最大的一个。作品表面雕刻了 18 个微型人物，还有花朵以及其他一些装饰物。

所有佩头都有一个从上到下贯穿的小孔，虽然从这个角度看不到那个孔。

这件佩头造型复杂，是用水牛角雕刻的。

这件佩头雕刻了一匹马及环绕在其周围的三个人物。

以下这组根付作品包含两尊完全不同的佛像、一尊麒麟（类似于日本神话中的独角兽）以及一尊石狮（一种神话中经常玩球的狮子）。

这尊佛像尺寸最小，是用象牙雕刻的。他看起来很放松，很快乐。

这尊象牙佛像尺寸较大，他看起来也十分快乐，虽然有些肥胖。

这是最为常见的麒麟根付造型，端坐于地，仰头望天。

这件石狮根付很有可能是用骨头雕刻而成的，因为在其表面看不到任何象牙的纹理。

下面这些根付统称为蛤蜊根付，虽然第一件看起来更像是蛤壳，第二件更像是贻贝壳。这种根付通常雕刻成半开的贝壳样式，以展示内部场景。

这件用象牙雕刻的作品展示了树木和建筑，以及旁边一艘扬帆的小船和人物，还有两只带着鸭宝宝的鸭子。

这件作品的正面是三个人物，他们的背后是树木。壳的顶部还雕刻了一只蜗牛。

保罗·里德的藏品

下面这些根付作品都是保罗·里德购买的现代木雕作品。

壳内壳外的老鼠造型

水中的鲤鱼

两只乌龟

骄傲的公鸡

专业雕刻师休·赖特的作品

最珍贵的根付作品要留到最后介绍，我在本书的开篇就提到了休的作品是如何启发我走上根付雕刻之路的。

根付在传统上是一种由男性主导的艺术形式，而休是世界上为数不多的专业女性根付雕刻师之一。她的一件作品还被维多利亚州政府作为国礼赠送给了在 1992 年期间访问澳大利亚的美国前总统乔治·布什（George Bush）。

日本皇室也购置了一些休的根付作品，这对于根付雕刻师来说是至高无上的荣誉。

以下这些就是她的代表作，展现了她最初的创作理念、独到的设计眼光以及精湛的雕刻技艺。休的作品还有一些突出特点，比如她总是能够将自己的绝妙想法体现在根付的细节处理上。

"芋头叶片上的青蛙"，整体用黄杨木雕刻，
眼睛用琥珀制作

树皮上的蛙（正视图和后视图）

"飞行中的战斗"，整体用黄杨木雕刻，
眼睛用水牛角制作。

下面的根付是休在 2001 年波士顿国际根付协会大会上展出的作品。她对根付作品细节和质量的制作令人惊叹，我非常羡慕她的专业技术。

"蝉"，用黄杨木雕刻，并经过了染色处理。

"天堂求爱（天堂鸟）"，正视图和后视图，用黄杨木雕刻，并经过了染色处理。

"抱金蛋的鹅"，鹅的主体用经过漂白的黄杨木雕刻，眼睛和金蛋用琥珀制作。

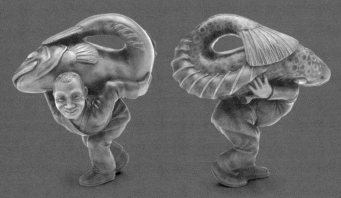

"快乐的垂钓者"，用黄杨木雕刻，并经过了染色处理。

"苏醒"，黄杨木材质。这只正在冬眠的睡鼠被爬在其头上的七星瓢虫吵醒了。

"木桶上的老鼠"，黄杨木材质，桶内还有一窝鼠宝宝。

"珊瑚篮"，用象牙果、黄杨木以及各种镶嵌材料制作，"篮子"内挤满了海洋生物。

"伊索寓言中的狐狸和面具"，寓意事物的外观和内在价值不一定一致。

扩展阅读

参考文献

Bandini. R., *Expressions of Style – Netsuke as Art*, Scholten Japanese Art, 2001

Benson, P., *The Art of Carving Netsuke*, GMC publications Ltd, 2010

Bushell, R., *An Introduction to Netsuke: (V & A Museum Introductions to the Decorative Arts)*, Stemmer House Publishers Inc, 1982

Bushell, R. and Masotoshi, N., *The Art of Netsuke Carving*, Weatherhill Inc, 1992

Bushell, R., *The Wonderful World of Netsuke*, Tuttle Publishing, 1995

Cohen, G., *In Search of Netsuke and Inro*, Luzac & Company, 1974

Earle, J., *An Introduction to Netsuke*, Her Majesty's Stationery Office, 1982

Earle, J., *Netsuke: Fantasy and Reality in Japanese Miniature Sculpture*, Museum of Fine Arts Boston, 2004

Hutt, J., *Japanese Netsuke*, Victoria and Albert Museum Far Eastern series, 2003

Kinsey, M., *Contemporary Netsuke*, Tuttle Publishing, 1977

Miriam, K., *Living Masters of Netsuke*, Kodansha America, 1984

Putney, C. M., *Japanese Treasures – The Art of Netsuke Carving*, The Toledo Museum of Art, 2000

Sandfield, N., Shelton, H., *Ichiro: Master Netsuke Carver*, Shelton Family Press, 2009

Symmes, Jr. E., *Netsuke: Japanese Life and Legend in Miniature*, Tuttle Publishing, 2000

Veleanu, M., *Netsuke*, Schiffer Publishing Ltd, 2008

其他资源

博物馆：特别是大英博物馆（British Museum）以及伦敦的维多利亚和阿尔伯特博物馆（Victoria and Albert Museum）。

古董商名录：诸如苏富比（Sotheby's）、菲利普斯（Phillips'）和佳士得拍卖行（Christie's auction houses）。

网站：国际根付协会（International Netsuke Society）网站（www.netsuke.org）；根付和日本艺术在线研究中心（Netsuke & Japanese Art Online Research Centre）网站 www.netsukeonline.org。

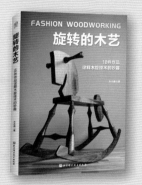

北科出品，必属精品；北科格木，传承匠心。

格木文化

格木文化——北京科学技术出版社倾力打造的木艺知识传播平台。我们拥有专业编辑、翻译团队，旨在为您精选国内外经典木艺知识、汇聚精品原创内容、分享行业资讯、传递审美潮流及经典创意元素。